果てしなき道のり

[Moli Energyの物語]

未知の国カナダで
最先端の電池作りに挑んだ
一企業戦士の足跡

関 勝男

電気書院

目　　次

第1章　プロローグ　*1*
第2章　バンクーバー初出張　*7*
第3章　BC州政府との交渉　*14*
第4章　赴任準備　*19*
第5章　赴　任　*25*
第6章　バンクーバー生活　*29*
第7章　Moli Energy (1990)　*35*
第8章　コンファメーション・テスト(1)　*42*
第9章　コンファメーション・テスト(2)　*50*
第10章　金属リチウム電池事業化断念　*57*
第11章　リチウムイオン電池研究開発の日々　*64*
第12章　知的財産権交渉　*68*
第13章　円筒型リチウムイオン電池量産体制整備(1)　*75*
第14章　円筒型リチウムイオン電池量産体制整備(2)　*82*
第15章　円筒型リチウムイオン電池量産体制整備(3)　*87*
第16章　スピネルマンガン正極材　*91*
第17章　社長就任　*95*
第18章　社長更迭　*102*
第19章　販売チャネル再編成　*106*
第20章　NME富山工場・栃木工場の開設　*112*
第21章　Moli Energy (1990)売却と東洋物産の電池事業撤退　*119*
第22章　エピローグ：果てしなき道のり　*127*

あとがき　*137*

第1章 プロローグ

「明日からカナダに行ってくれ」
　1990年3月22日。春分の日明けの始業前、当時日邦電気・電子コンポーネントグループのトップであった黒田本社支配人（役員待遇）の部屋に突然呼ばれて言い渡された言葉であった。

　電子コンポーネントグループは、半導体以外の電子部品、すなわちタンタルキャパシター、プリント基板、リレー、表示デバイス、電子管、受像管などといった多様なデバイスを製造・販売するグループで、当時私はこのグループの販売事業部計画部長という任にあった。グループが扱う製品のマーケティング戦略立案・遂行、販売予算編成・管理、販売部門の諸システムの企画・管理や人事管理などを統括する立場にあり、日邦電気の中ではマイナーな事業グループではあったものの、個人的には大変責任の重い立場にあると認識し、また充実した恵まれた会社人生を歩んでいるとの自負もあった。
　各種電子コンポーネント製品の当時の市場は国内が7割、輸出が3割で、輸出先はアジア、ヨーロッパ、それにアメリカ。カナダは全くビジネスとしては縁の無い国であり、ヨーロッパやアメリカに出張の機会を多く作り、好んで海外を飛び回っていた私にとってもそれまで一度も足を踏み入れたことの無い国であった。

「カナダに行けって、いったいどういうことですか？」
　私の質問に対する黒田本社支配人の返事はあらまし次のようなものであった。

カナダ太平洋岸の街バンクーバーの郊外にMoli Energyというリチウム金属二次電池を生産するベンチャー企業がある。日邦電気は北米向け専用モデルの"Ultra-Light"というノートパソコン用電池として、このMoli Energy製電池を採用していた。他の主要ユーザーとして、国内最大手の通信会社である日本通信が携帯電話にこの電池を採用していたが、一昨年（1988年）夏以降、この携帯電話で十数件の発火事故が発生し、ユーザーが火傷を負うなどの問題が起こった。発火事故は搭載されていた電池に根本原因があることが判明、この結果Moli Energyは事業継続のための資金繰りが付かず、1989年末に倒産した。
　Moli Energyはカナダでは有望なベンチャー企業と見なされていたため、地元のブリティッシュ・コロンビア（BC）州政府から多額の融資を受けていたことに加えて、カナダ政府そのものも融資保証などを行っていた経緯があり、現在同社は最大の債権者であるBC州政府主導で再建の道を模索している。
　当初は、カナダ国内で新たな出資者を募ったのだが、残念ながら有力な出資企業は現れず、BC州政府はMoli Energyの株主の一つで、日本通信や日邦電気向け電池の販売総代理店を務めていた東洋物産に、日本の資本および技術の注入による再建を打診してきた。東洋物産はこの要請を受けて、自社と、グループ内の電池メーカーである湯川電池、および電池のユーザーである日邦電気の3社合弁によるMoli Energyの再建を計画、湯川電池と日邦電気にMoli Energyへの出資および人材派遣を求めてきた。
　日邦電気はそれまでエネルギー関連事業には手を染めないという経営方針があったが、エレクトロニクス製品のモバイル化の動きが現実になりつつあり、ノートPCや携帯電話などに大きなビジネスチャンスが期待される状況下で、カスタム要求に応じられる電池のサプライヤーが身近に欲しいという機運も社内に高まってきていた。

東洋物産からの合弁事業提案を受けて、トップの指示のもと、全社の事業企画部門を中心とした検討チームによって事業参画可否の検討が鋭意進められ、中央研究所の技術者による現地調査も行われた結果、日邦電気の重要な事業方針を審議する場である経営会議においてこの電池合弁事業に参画する決定が既になされていた。
　問題は、日邦電気内のどのグループがこの事業を担当するかであった。電池は、元々日邦電気には要素技術がほとんど存在しない事業であり、またこのような形での合弁事業参画は日邦電気にとっても初体験という事情もあった。
　事業主体としては、本社直轄の特別プロジェクト、電池のユーザーであるセット事業グループ所管、または研究開発グループ管轄といった幾つかの選択肢があった。

「私の電子コンポーネントグループが担当します、と手を上げたのだ」
　黒田本社支配人のその日の話は、ほぼ結論に近付いていた。
"電池事業を、将来の電子コンポーネント事業の中核に据えたい"
黒田本社支配人の一つの夢、大きな夢であったのかもしれない。
　そして黒田本社支配人は続けた。
「日邦電気からカナダに送り込む人間はお前に決めた。この事業はどう転ぶか分からない事業だ。成功するかもしれないし失敗する可能性も大いにある。合弁事業の形態についても大半はこれから決めることになる。不案内なカナダに一人で住むことも含めて、こんな不確実な仕事に送り出せるのは、私の周りではお前しか見当たらなかった」
　そして、最後にもう一言付け加えた。
「ただ、俺はこの6月に退任し関連会社に転出するので、今後お前の面倒は見られない。俺の後任は現在日邦アメリカ社長の中村

常務だが、厳しい人だから覚悟しておけよ」

　まさに晴天の霹靂。ある意味で私を認めて頂いた有り難さ以上に、あまりにも唐突な人生転換の指示に驚きを禁じ得なかった。
　前途に多くの困難が待ち受けているであろうことは予測されるものの、幸いなことにほとんど不安は感じなかった。むしろ全く未知の新たな仕事に取り組めることに、そしてまだ見ぬバンクーバーという街に住む新しい生活に大きな希望を持った。
「分かりました。やらせて頂きます」
　私はその場で即答した。

　その夜、自他ともに夜の帝王と認められる黒田本社支配人のお供で銀座を飲み歩き、町田の自宅に戻ったのはとうに12時を過ぎていた。それでも寝ずに待っていた妻に黒田本社支配人とのその日の話の内容をごく簡単に伝えた。
「近いうちにカナダに出向することになったよ。詳しいことは週末にでも子供たちを交えて相談しよう」
「そうですか」
　それほど驚いた風も無く妻は短く答えた。

　その週末の土曜日の夕食後、長女の尚子と長男の剛とを交えた一種の家族会議を開いた。
　当時の私は、仕事のことしか頭に無く家庭のことは全て妻任せで、後に尚子に、「父に育てられた記憶は無い！」などと言われる始末の、まさに典型的な企業戦士だった。幸いと言うよりも全て妻のお陰で、子供たちは大過なくすくすくと育ち、尚子は市ヶ谷にある私立大学に、剛は駒場の国立大学付属高校にそれぞれ在籍中だった。尚子は付属女子高時代から熱中している演劇サークルの活動に忙しく、剛もまたエスカレーター式の付属中学以来の

友人たちとの付き合いに夢中で、それぞれが学生生活を謳歌しているようだった。いつも夜遅く、そしてその半ばは酔って帰ってくる父親の存在は、彼らにとっては必ずしも必要と思われていなかったのであろう。

　一方妻は、子育ての負担が軽くなったことと、他方ではこれから更に負担が増えることが確実な子供たちの教育費を補填するために、既に取得済みの"消費生活アドバイザー"の資格を活かして、4月から週4日のパートタイムの仕事に就くことが内定していた。予定勤務先は飯田橋にある労働省（当時）の関連団体である"（社団法人）全国求人情報誌協会"で、業務内容は各種の情報誌に掲載された求人情報に関する求職者からの苦情処理相談員であった。つい半月ほど前に行われた面接の際に、協会の常務理事から、「関さん、ご主人の転勤ですぐに退職するなんてことは無いでしょうね、と釘を刺されたばかりだったのよ」と妻は言った。

　それぞれが自立した家族の間では、私のカナダ赴任内定の報はそれほど大きな驚きとしては受け取られなかった。先行き不透明な出向先の事情と、このような家庭の事情とが相まって、当面私がバンクーバーに単身赴任することが結論となった。

　「夏休みや冬休みにカナダに遊びに行けるね！」というのが、私の人事処遇に対する子供たちの反応だった。2年後に大学受験を迎える剛に、「バンクーバーにはブリティッシュ・コロンビア大学というカナダでもトップクラスの有名大学があって、日本人留学生もかなりいるらしいよ。お前も留学を考えてみたらどうだ」と水を向けてみたが、「僕は英語が必ずしも得意ではないから日本の大学の方が良いよ」とあっさり却下されてしまった。

　比較的平静に受け取られた家族の反応とは裏腹に、翌週月曜日に開いた定例部内会議はかなり紛糾した。批判の急先鋒はこれまで私が右腕と頼んできた渡里課長だった。

「関さん、たとえ黒田本社支配人の夢であり、命令であるとしても、我々を見捨てて、一人で出て行ってしまうのですか。残された我々はどうすればいいんですか」
　彼の言に積極的に賛同する部員、発言しないまでもその意見に頷く部員が少なくとも半数以上に上った。大変嬉しいことだった。しかしこの場は彼らの意見を汲み上げる場ではなく、会社組織としての決定事項を伝達して、必要な善後処置を検討し、速やかにその実施に取り掛かるための会議であった。
「皆さんのお気持ちは嬉しいけれど、今回の決定は計画部という一部門への影響という狭い視点ではなく、電子コンポーネントグループに"電池"という未知の、しかし将来に大きな可能性を秘めたビジネスチャンスを取り込むための大きなチャレンジと受け止めてくれないか。私自身はその先兵に選ばれたことを誇りに思い、電池事業の成功とその電子コンポーネント事業グループへの寄与を実現するために精一杯頑張ってくるつもりなので、皆さんもこの私の気持ちを汲んで心から応援してくれないか」
　こう伝えて、何とか定例会議を乗り切った。

　その日から、公私にわたる身辺整理を急ぐことになった。当面は出張ベースで新事業の勉強や諸調整に取り組み、実際のカナダ赴任は夏ごろと予定されてはいたが、従来担当していた仕事は早急に手放す必要があった。
　私自身が育て上げ、活気に溢れ、誇り得る素晴らしいビジネスチームと自負していた部門、そしてその部門に所属する気心の知れた部下たちとの別れにはさすがに後ろ髪をひかれる思いを禁じ得なかったが、そうした思いを封印して身辺整理を急いだ。
　中には、部下の一人である家村君の結婚の仲人を、急遽関口課長夫妻に代わって頂くといったハプニングまで含まれていた。

第2章　バンクーバー初出張

　バンクーバー赴任の実質的な内示を受けた3週間後の月曜日に、私はバンクーバーへの機中に身を置いていた。
　成田からバンクーバーまでのフライトは約8時間。夕方4時過ぎに成田を発ち、同日の朝10時過ぎに降り立ったバンクーバー空港上空は抜けるような青空だった。清冽とも言える4月のやや冷たいバンクーバーの空気が、飲みすぎで寝不足の頭を目覚めさせてくれた。ウッディーな、観光地にしてはやや古めかしいターミナルの出口には、知人の出迎えらしい大勢の人々の姿があり、その様子は一見香港風に思えた。後で知ったことだが、香港の中国返還を間近に控えた当時、周辺都市を含むグレーター・バンクーバーの人口約200万人のうち、およそ3割に及ぶ多数の香港系中国人がバンクーバー周辺に生活の拠点を構え、高級住宅地の多くをこれらの香港人が買い占めているという、言わばバブルの状況下にあった。

「日邦電気の関さんでしょうか？」
　出迎えの人々の中から、一人の精悍な風貌の青年が私に声を掛けてきた。
「東洋物産の角川です。よくお越し下さいました」
　後に、仕事の良きパートナーとなり、そして何よりも、西も東も分からぬ私のあらゆる意味でのバンクーバー生活の師匠となる角川氏との出会いであった。
「お疲れでしょうから、まずはホテルにチェックインして頂き、午後には東洋物産のバンクーバー支店関係者をご紹介します」

テキパキとした応対が非常に印象に残る青年であった。
　彼は同じ横浜の大学の同じ学部の後輩で、私の丁度10歳下、誕生日も同じという奇縁があったことを後に知った。

　バンクーバーは"世界で一番住みやすい街、住みたい街"と言われることが多い。その言葉通りの、色とりどりの花々が咲き乱れ、豊かな緑に囲まれた住宅街を突き抜ける、さほど広くない通りを20分ほど走って、案内されたのはダウンタウンの目抜き通りの一つ、バラード通りに面した淡いピンク色のヨーロッパ調の瀟洒な外観のホテルだった。
"ホテル・メリディアンバンクーバー"
　外観ばかりでなく、ホテル内部も落ち着いた色調で統一され、部屋もくつろぎやすくゆったりと家具が配置された四つ星のホテルだった。キャリーバッグ一つの身軽な旅を常とする私は、その少ない荷物をクローゼットに収め、機中楽しんだお酒の匂いをシャワーですっかり洗い流してから、ロビーに降りた。

　東洋物産バンクーバー支店は、ホテル・メリディアンと同じバラード通りを、内海のバラード・インレット方向に500メートルほど歩いたオフィスビルの高層階にあった。案内された応接室の窓から見える景色に、いきなり息を飲む思いがした。
　眼下にバンクーバーのダウンタウンの街並み。それを取り囲む真っ青なバラード・インレット。左手方向には緑に包まれた広大なスタンレー・パークが半島状に横たわる。正面には、頂きに白雪を残したグラウス・マウンテンを始めとするノース・バンクーバーの山々。そして雲一つ無い青空。天国があるとすればまさにこんな眺めではなかろうか。
　土田支店長を始めとする支店幹部の方々にご紹介頂いたが、中でも、その後最もお世話になることになったのが支店長代理兼関

連ベンチャー企業の社長を務めるA. Ito氏であった。
　A. Ito氏は東洋物産本社からの出向者ではなく、バンクーバー支店で現地採用された日系2世で、言わば東洋物産バンクーバー支店の生き字引とも言える方であった。東洋物産バンクーバー支店の本業とも言える鉱物資源関係のビジネスに詳しいばかりでなく、Moli Energyの大きな可能性に着目し、東洋物産本社にこの電池事業への参画を強く働きかけ、実現したご当人であった。
「日邦電気の部長さんだと伺っていましたが、お若いですね」
　そんな挨拶から始まり、ひとしきりMoli Energyの辿ってきた経緯についてのご紹介を頂いた。
「今回、貴役には現場の状況をつぶさに確認頂き、それを日邦電気本社幹部に報告して、できるだけ早く日邦電気としての取組みをご決断頂きたい。貴役の早期のご着任をお待ちしています」
　その夜、A. Ito氏、角川氏に歓迎の宴にお誘い頂いた。"あき"という日本の居酒屋も顔負けというしつらえの和食レストランだった。サーモンなど地場の新鮮な刺身や子持ち昆布が絶品で、一方、締めは醬油ラーメンという、日本風のようでいて日本そのものではないところが極めて印象的な第一夜であった。

　翌朝、いよいよMoli Energyに向かった。バンクーバーのダウンタウンから、トランス・カナダ・ハイウェイ（国道1号線）をカナディアン・ロッキー方向に東に向かって走ることおよそ30分。フレーザー川を渡る直前にトランス・カナダ・ハイウェイから分かれて更に15分ほどのメープルリッジという近郊都市にMoli Energyの本社、工場は置かれていた。カナディアン・ロッキーを経てトロントまで通じるカナダ横断鉄道の踏切を渡って左折すると、いきなり黒っぽい壁面に赤字でMoli Energyの社名が表示されたかなり大きな建物が現れた。幅約100メートル、奥行約50メートル、高さも20メートルほどはあろうか。日本の一般的な

小中学校の体育館3〜4棟分と言ったらその大きさがイメージ頂けるかもしれない。前面にガラス張り、2階建ての事務棟がちょこんと張り出した形で設けられたモダンな外観の建物であった。

　出迎えてくれたのは、社長のBoris Sawicky以下、倒産後も会社に残りその再建に希望を託して活動を続ける少数の幹部社員であった。Boris社長の会社概要説明の後、早速工場見学を行った。

　横道にそれるが、ここでこの物語を書き進める上で必要となる"電池"の基礎知識について触れておきたい。

　電池は、恐らく多くの方が学生時代に実験した思い出を持っておられる電気分解の逆反応で、電気的性質（電位）の異なる2種類の電極材料と電解液とを組み合わせることによって生じる一対の電極間の電位差を利用して電力を発生させる仕組みである。この電池を、電力を受ける装置（例えば懐中電灯や携帯電話など）に接続すると、電流が流れる回路が形成され、この電流の流れによって装置が必要な動作（例えば点灯や通信など）を行う。

　このような化学作用によって電力を発生する電池は、専門的には化学電池に分類され、これは更に一次電池、二次電池、燃料電池などに細分化されている。一次電池は充電ができない使い切りタイプの電池で、一般に乾電池と呼ばれる電池などがこの仲間である。他方二次電池は繰り返し充放電ができるタイプの電池で、車載用のバッテリーなどとして広く普及している鉛蓄電池、ハイブリッド自動車の電力供給用として多用されているニッケル水素電池、そしてスマートフォーン、ノートPC、タブレット端末などの携帯機器や、電気自動車の電力供給用として脚光を浴びているリチウムイオン電池などがこの範疇（はんちゅう）に入る。

　電池にはこの他に化学作用ではなく物理作用によって電気を発生させる物理電池があり、半導体の物理作用などを活用した太陽電池はその代表例である。

二次電池は、相対的に電位の高い正極（一般にはプラス極）と電位の低い負極（マイナス極）との二つの電極を備えており、この電極の主成分には活物質と呼ばれる電気的な性質の異なる化学物質が使用されている。この2種類の電極の間に電子または金属イオンのみを透過させ、これ以外の物質の通過を遮蔽するセパレータと呼ばれる薄い隔膜を挟んで電極を対向させ、これら全体を導電性の物質（一般には電解液）で満たすことによって、一つの二次電池が構成される。実際の二次電池は日常的に使用する商品としての要件を満たすために、これ以外の様々な構成部材を使用して組み立てられているが、電池の基本的な性能を実現する基本構成はこの一対の電極とセパレータと電解液との組合せで成り立っている。正極では還元反応が、負極では酸化反応が起こり、この両電極を外部の機器に接続すると電流が流れてこれらの機器を動作させることができる。

　正極および負極活物質としては、金属そのもの、金属の化合物、炭素、有機化合物など様々なものが選択できるが、金属そのものを使用する場合以外は、これらの活物質を、導電性の増加、粘着性の強化、またはその他の特性の改善などの作用をする様々な補助材料と混ぜ合わせ、これに溶剤を加えて練り込んで塗料に似た粘性流体（スラリー）とし、これを集電体および電極端子としての役割を担う金属箔の上に塗布し、乾燥させたものを正・負いずれかの電極として使用するのが一般的である。

　この物語は、最先端の二次電池である金属リチウム電池およびリチウムイオン電池という2種類の電池の開発製造を行う合弁事業に関わった一企業戦士の、製造インフラの乏しい異国の地での挑戦、葛藤、つかの間の成功、そして挫折への"果てしなき道のり"を綴ったものである。

　Moli Energyの製品は、正極活物質として二酸化マンガンを、

負極に金属リチウムを用いた円筒型二次電池であり、当初は正極に硫化モリブデンを使用する予定であったため、このモリブデンとリチウムとを Moli Energy の社名の由来にしたとのことであった。工場の生産活動は完全に停止していたが、市場で起きた発火事故の原因として製造工程中での異物の混入などが疑われたため、その確認や再現のための様々な実験が細々と続けられていた。

工場の建物は、ごく一部が2階建てとなっているものの、大半は平屋建てで、天井までの高さにまず驚かされた。一見ウィスキーの醸造所を思わせる巨大な電解液製造タンクや、正極活物質の二酸化マンガンに導電性カーボン、結着材および溶剤などを混ぜ込むためのミキサー、そしてロール状のアルミ箔の上にこの混練したスラリーを連続塗布して乾燥させるコーターなどの大型機械類を設置するため、これだけ大きな建物にしたものと思われた。

工場の中ほどに、ドライルームと呼ばれる白壁の隔離された部屋が設けられ、その中に一連の電池組立ラインが配置されていた。前工程の設備の巨大さと比較して、組立ラインのひっそりとした感じが非常にアンバランスで、やや奇異な印象が残った。ドライルームは、-60〜-50℃という露点で管理されているが、これは金属リチウムが水に接触すると急速に反応して発熱、発火に至る性質を持つことから、組立工程における水分との接触を可能な限り避ける必要があるからである。この低露点の環境下で、アルミ箔上に活物質の二酸化マンガンを主剤とする電極膜を塗布した正極と金属リチウム箔負極とを、薄いプラスチック製のセパレータを挟んで巻回し、電極付け、金属製円筒缶への挿入、電解液注入、キャップによる封止までの一連の組立作業が行われる。

組立が終了した電池は、ドライルームから搬出され、初期充電、一定期間の放置、電気的な諸特性の測定や外観検査、およびアブユース・テストと呼ばれる過酷な抜取試験などを経て製品として出荷される。

電池に関しては全く素人の私が工場を見学した第一印象は、ライン構想に統一性が無いということだった。前工程だけは月産200万個を想定した大掛かりな設備をそろえながら、組立工程はせいぜい月産10〜15万個の製造がやっとであろうと思われる試作ライン程度の設備であった。工場内は、建物の大きさの割に、操業停止状態で作業者が少ないこともあってある程度整然とした状態は保たれているものの、外気が一部のドアからそのまま入り込んでくるような構造で空調も不完全であり、塵埃などに対する配慮はほとんどなされていないようであった。

　本当にこのカナダの地で電池を量産することができるのだろうか。漠然とした不安が私の頭をよぎった。

第3章 BC州政府との交渉

　午前中にMoli Energyの工場見学を済ませた後、午後は一旦ダウンタウンの東洋物産のオフィスに戻った。そして一息つく暇も無く、これもダウンタウンの徒歩圏内にあるオフィスビルに事務所を構えるLadner Downsという法律事務所を訪れた。

　バンクーバーに降り立ってからやっと1日半。その間に目にし、耳にしたものの全てが、私にとっては目新しく驚きの連続であったが、中でもこの法律事務所での角川氏の仕事ぶりを目の当たりにして、まさに言葉を失うほどの衝撃を味わった。
　折しも、BC州政府と東洋物産を代表とする日本の合弁予定企業団との間で、Moli Energyの事業承継に関わる様々な交渉が進められていたが、まだ35歳の角川氏がただ一人で合弁予定企業団を代表する立場で州政府との交渉を取り仕切っていたのである。
　Ladner Downsは合弁予定企業団の顧問法律事務所として、州政府側の委託を受けた法律事務所であるClark Wilsonとの間で事業承継に関わる折衝を行っていた。Ladner Downsの事務所では、まず弁護団のリーダーの、温厚なBill Milesを始め数名の担当弁護士に紹介された後、早速具体的な用談に入った。州政府との交渉の主要な内容は、知的財産権の処置、残存固定資産の処置、従業員の処遇、そして事業承継の対価と承継に伴う責務など非常に多岐にわたるものであった。
　事業承継に関わる、州政府との間で締結を予定している幾つかの契約書の素案が既に起草されており、契約書の全体構成、合弁予定企業団として主張し確保すべき権利と負わざるを得ない義務

の大要、そして契約書の個々の条項の案文の一つひとつについて検討が進められていた。

　案文が、主張すべき要件に対して必要十分なものであるかどうかの吟味は、交渉の全体スキームを掌握した上で、なおかつ法文（もちろん英文）に精通していなければ手も足も出ない仕事であり、私より十歳も若い角川氏がこの困難な仕事をたった一人でこなす姿はまさに脅威であった。用意された案文をさっと読み込み、問題点を指摘し、更に専門の弁護士に修正のポイントをテキパキと指示する。その対応の早さと、指摘の的確さに私は舌を巻いた。

　"負けた！"
　私自身は、日邦電気の中では海外の場数をかなり踏み、多くの分野の業務経験も積んでおり、ある程度のことは一人だけでこなせると自負していたのだが、こんな対応はとてもできそうにない。
　一匹狼、または狩猟民族とも称される商社マン。その中でも恐らくトップランクに位置すると思われる角川氏の行動は、農耕民族とも呼ばれるいわゆるメーカーの人間の一人である私にとっては、両者の大きな隔たりを思い知らされる衝撃の出来事であった。

　3時間ほどの打合せの後、夕刻にLadner Downs事務所を出て、再び東洋物産の事務所に戻った。
　そして今度は日本側との調整が始まる。まだコンピュータを介したメールが普及していなかった当時は、ファックスによる通信が主要な情報伝達手段だった。弁護士事務所での打合せ内容のポイントを手早くファックスに仕立てた角川氏は、修正された契約書案文を添えて東洋物産本社に伝送する。1時間ほどの間をおいて、日本チームとの電話会議が始まる。バンクーバーと東京の時差は17時間（夏時間）。バンクーバーの夕刻は東京の翌日午前に当たるため、最も効率的な時間設定と言えた。

日本側の出席者のリーダーは角川氏と同じ化学プラント部門に所属し、角川氏の先輩に当たる久米氏。私も東京を発つ前に東洋物産本社にお邪魔し、面識のある人物だった。久米氏以外に数名の出席者がおり、中には東洋物産の法務部門の担当者も含まれていた。
　一方バンクーバー側は相変わらず角川氏一人。傍に、役立たずの私がオブザーバーといった形で控えているという構図だった。
　早速、具体的なやり取りが始まる。まず角川氏が、Ladner Downsとの打合せのポイントと契約案文の修正点とを要領よく説明する。東京側はこの説明を聞き、契約案文をチェックして、気付いた点を指摘し、文案修正の要否、そして修正が必要な場合はその具体的な修正案が議論される。こうして、一条一条の案文の確認が終了したのは電話会議開始からおよそ2時間を経過していた。

　やや遅い夕食の後、バンクーバーの日本人駐在員や出張者が好んで通う、"東京ラウンジ"に向かった。
　東京ラウンジのママは、くしくも私と同年で名前のルーツも同じ勝子さん。ゴルフが無類に上手で気さくな女性であった。
　東京ラウンジは、大橋巨泉さんが所有し、その1階にこれも巨泉さんがオーナーの著名な土産物店、"OKストア"が入るビルの3階の1フロアを全て占め、クラブ風のゆったりしたソファーが余裕を持って配置されていた。フロアの左奥にステージが設けられ、ステージ上にエレクトーンが据えられて、カラオケならぬ生伴奏で歌えるしつらえであった。
　エレクトーンの伴奏は、私より少し年配のKichiさんと、若い女性のMariさんが日替わりで担当してくれる。接客はワーキングホリデーの制度を利用してバンクーバーに滞在している若い日本人女性なので、実に居心地のいい場所と言えた。
　後に、私がバンクーバーに駐在してからは、東京ラウンジに週

に何度かは通い、週末には勝子ママのアレンジでゴルフを共に楽しみ、時には伴奏者のKichiさんのご自宅でのバーベキュー・パーティーに誘って頂くなど、お店のスタッフ全員と大変親密なお付き合いをさせて頂いた。

大橋巨泉さん始め、バンクーバーを訪れる多くの芸能人の方々に遭遇(そうぐう)したのもこの東京ラウンジで、後に巨泉さんや奥様とゴルフを楽しませて頂く機縁(きえん)ともなった。

ステージ前の特等席は、巨泉さんがバンクーバーに滞在されている折は巨泉さんの占有席、そして巨泉さんがいらっしゃらない時は私が使える、そんなルールがいつの間にか定着した。

午前2時、東京ラウンジ閉店のラストソングを私が歌わせてもらえるようになるまでにさして時間はかからなかったと思う。

この日は東京ラウンジへのデビュー日であり、そこまで粘った訳ではないが、それでもホテルに戻ったのは12時過ぎ。長い1日がようやく終わった。

翌日午前中は、再びLadner Downs事務所を訪れ、前夜の東洋物産本社との打合せ結果を伝達、これに基づく契約案文の再修正と確認の作業が続けられた。

更に午後からは、州政府の代理人であるClark Wilsonの弁護士団と日本側企業団の代理人であるLadner Downsとの交渉の場が持たれ、私もこれに同席した。

こうした交渉は、当然のことながら双方が自分側に有利な権利を主張し、一方義務を最小限に抑えようとするため、なかなか議論は噛み合わない。加えて、これを成文化するためには、その文章をいかに自分側に有利に落とし込むか、細かな文意一つひとつ、用語一つひとつについて、法文解釈の知識を駆使した双方の弁護士間の駆け引きが繰り広げられる。こうしたやり取りは、まだ当事者意識の持てない私にとっては大変難しいものではあったが、

それでも随分と興味深い、ストレートに言えば面白い経験であった。

　初めての、1週間弱という短期間の、しかしたくさんの驚きが詰まったバンクーバー滞在を終えて、私は週末に一旦帰国した。

第4章 赴任準備

　初めてのバンクーバー出張から帰国した後、赴任までの2カ月半ほどの間は、様々な赴任準備に忙殺される日々が続いた。
　これまで担当していた社内業務そのものは、既に後任も内定し、またその実務は気心の知れた信頼する部下たちが問題無くこなしてくれているので特段の不安は無かったものの、一部にこれまで私が一人で担当してきたため引き継ぎを必要とする業務が残っていた。加えて、新たな合弁事業に取り組むための様々な準備が必要で、それらの処理に多くの時間を割くことになった。
　一つ目は、工業会活動に関わる幾つかの委員の引継ぎであった。私は、電子機械工業会（EIAJ、現電子工業振興協会：JEITA）の部品運営委員会、その下部組織であるマーケティング研究会およびコンデンサ業務委員会、ならびに業界の任意団体であるタンタル懇話会に日邦電気を代表して参加していた。これらの諸活動も業務の一部であったとは言うものの、私が一人で関わってきた業務であり、どちらかと言うと個人的な顔、繋がりが必要な活動だったために、引継ぎに当たっては早めに後任を決め、それぞれの委員会で他社代表の委員の方々に紹介しておく必要があった。中でも、コンデンサ業務委員会の活動の一つに、海外のコンデンサ業界と世界統計を作る活動があり、その糸口となったのが私自身の海外人脈であったため、私がこれら海外の関係メンバーとの交流の窓口を務めており、今後もこの活動を継続して頂くための道筋作りに思ったよりも時間を要した。これらの工業会関連業務をまとめて引き継いでもらったのは、渡里課長と並んで部門業務の重要部分を分担してくれていた関口課長であった。前にも触れたが、

関口課長夫妻には私たち夫婦の代わりに家村君の結婚式の仲人役も引き受けて頂いた。

　二つ目は、私が現地に赴任した後の日邦電気内の受皿組織の問題であった。通常の場合は、たとえ新規事業であっても社内に何らかの母体組織が存在し、現地事業のサポートを担当する。ところが今回の電池事業は、元々社内には全く芽が無かった事業にゼロベースで参入するもので、今後の展開については予測もつかない状況だった。従って、どのような体制作りが必要であるかについても、明確な方針が立てられていなかった。

　これまで、私が所属していた電子部品販売部門は、明らかに母体組織にはなり得ない。このため、私が日邦電気入社時に所属していた回路部品事業部を電池事業の担当事業部として、この中に電池事業推進室と名付けられた構成人員わずか3名の小さなグループを作って頂き、私の任務をサポートして頂くことになった。加えて、元々日邦電気は電池ユーザーの立場でこの合弁事業に参画するのが建前であったため、全社横断的に電池ユーザー会という言わば応援団が結成された。この電池ユーザー会は、これまでMoli Energyの電池を採用していた北米向けノートPCの担当部門、携帯電話部門、材料研究面で若干電池にも手を染めていた研究部門、そして今回の合弁事業への参画を企画し取りまとめてきた企画部門などを主な構成組織とするチームで、今後の日邦電気としての事業参画方針などの議論や、各関連部門の役割分担などに関して、何度か打合せが持たれた。

　そして三つ目の最大の問題は、合弁事業をスタートさせるための東洋物産、湯川電池、そして日邦電気の3社間の合弁の枠組み決定のための合意取りまとめであった。

　一方では、カナダのBC州政府と事業承継に関する交渉を進めながら、他方では合弁予定の3社間での、新会社の定款、組織形態、授権資本総額、当初の資本金額と出資比率、各親会社の責任分担

と権限、各社からの出向者の人選、ならびにそれぞれの出向者の役割、肩書き、責任および権限などを合弁事業開始前に決定する必要があった。現地での就労に当たっては、カナダ政府からのワーキングビザの発給が必要であり、ビザ申請には合弁会社からの招請状が必須であるため、これらの決定は最も急がれるものであった。

しかし、各社の考え方には、日邦電気内の方針が不分明、未整合であるのと同様に、いやそれ以上に大きな隔たりがあった。

こうした中では、当初からMoli Energyの電池事業に関わり、この合弁事業設立のリーダーシップをとってきた東洋物産自体の考え方はかなり明確であったろう。できるだけ早くMoli Energyの電池生産を再開させ、製造した電池の販売により収益を上げることが第一のターゲットであり、そしてうまくいけば、将来Moli Energyがベンチャー企業として大きな成功を収め、キャピタルゲインを手にすることが、第二の、かつ最大の目的だったであろう。これを実現するために、グループ内の専業電池メーカーである湯川電池を合弁のパートナーとしてまず選択し、販売先として、言わば保険の意味合いでユーザーとしての日邦電気に声を掛けたのであろう。

では、湯川電池にとっては、この合弁事業の位置付けはどのようなものだったのだろう。湯川電池は、自動車用鉛蓄電池を主力商品とする老舗の電池専業メーカーで、手堅い商売をする会社という定評があった。ただ、当時は主力の鉛蓄電池の成長力が頭打ちの状況になりつつあり、新製品として鋭意取り組み始めたニッケル水素電池は、まだ開発段階で量産レベルには至っていなかった。加えて、湯川電池は産業分野では多くの実績を持つ電池メーカーではあるが、今後伸長が期待される民生分野に対してはかなり出遅れ感があった。そのような中で提案されたこの合弁事業に対して、湯川電池が会社の将来を担う事業としてかなりの期待を

かけたであろうことは想像に難くない。この合弁事業で培った技術を、将来何らかの形で自社内に取り込もうと考えたとしても不思議は無い。

　最後に残る日邦電気内の考え方が、必ずしも明確でなかったことは先にも述べた。電池を含むエネルギー関連事業には従来手を出してこなかった日邦電気にとっては、この合弁事業への取組みに明確なターゲットを設けることにはためらいがあったであろう。折から黎明期を迎えつつあったノートPCや携帯電話などの携帯機器を今後の主力事業と位置付けていた日邦電気としては、これら携帯機器の生命線とも言える電池、それも高性能な二次電池の確保は重要なリソース戦略の一つであり、その安定供給元を身近に持つことには大きなメリットが考えられた。携帯機器の担当事業部門にとっては、ユーザーとして合弁事業に参画することに十分意義はあったと言えよう。しかし、合弁事業の担当部門となった電子コンポーネント事業グループおよび実際の担当事業部である回路部品事業部にとっては、それだけでは全く不十分な目標だったと言わざるを得ない。社内のこうしたユーザー部門向け電池の需給担当窓口として商流業務の一端を担い、わずかな口銭を手にしたとしても、それはあまりにも微々たるものに過ぎない。特に、出向が内定している私自身にとって見ると、やり甲斐が多かったこれまでの業務をなげうって、先の見えない、しかも大きな実入りが期待できない合弁事業に身を投じる意味がどこに見出せるのであろうか。これでは、「関さん、たとえ黒田本社支配人の夢であり、命令であるとしても、我々を見捨てて、一人で出て行ってしまうのですか？」と迫った渡里課長に対して答える術が無い。私自身の腹は、将来何とかしてこの合弁事業の経営権を日邦電気の手に入れたい。そうしなければ私が出向する意味は無い、というものであった。もちろん、これは東洋物産の利害ともろに衝突する。いきなりそれを声高に主張することはできない状況下では

あったが、こうした将来的な可能性を、何とか合弁契約の中に忍び込ませておきたい、というのが私の切なる願いであった。幸い、実際に合弁契約の締結交渉に当たっている企画部、特にそのトップである飛島支配人にこの考えにご賛同頂き、最終的に合弁契約書の中にわずかながら将来の可能性を匂わせる文言を入れ込むことに成功した。

BC州政府との事業承継に関わる交渉の場においても同様のことが言えるが、この合弁契約の交渉に当たっても契約当事者の思惑はそれぞれ異なるため、落とし所を巡っての綱引きはかなりしれつなものがある。そしてその内意を、どのような文章にまとめてお互いの合意に至らしめるかが交渉担当者の手腕にかかっているのである。

3社間のこうした交渉の裏で、日邦電気社内では契約交渉の前面に立つ企画部や、関連部（子会社等の管理担当部門）の担当者と、契約案文の審査を担当する法務部の間で、契約のスキームや契約文の諾否に関する議論が繰り返された。私自身も実質的な当事者としてこのような対外交渉と社内折衝の場にどっぷりと浸からざるを得ず、交渉の難しさを体感することとなった。しかしこの経験を積めたことが、赴任後に直面することになる様々な外部機関との交渉の場に立ってもほとんど戸惑わずに対応できるようになった。振り返って考えると、これも私の人生にとって一つの大きな財産になったと言えよう。

合弁契約の締結に関わるこうした交渉は、結果的に新会社設立直前の6月末までずれ込んだ。

その合間を縫って、BC州政府との交渉のフォローアップや、私自身の赴任後の生活のセットアップなどのために、東京とバンクーバー間を2度往復した。

生活の基盤となるアパートに関しては、バンクーバー近郊にあ

る日邦電気の関連会社の駐在員だった東出さんという方が、私の赴任とほぼ同時期に日本に帰任する予定であることが分かり、彼の借りていたアパートを主要な家具付き、かつ乗っていた車ごと引き継ぐ約束ができ、大変幸運だった。このアパートは、バンクーバー空港から車でわずか10分ほど。キャンビー通りというダウンタウンへの主要道路に面した木造タウンハウスの2階の2LDKで、やや古い建物ではあったが、豊かな緑に囲まれたゆったりした作りがすっかり気に入った。アパートからバンクーバーのダウンタウンまでは15分。また勤務先のMoli Energyまでは40分のドライブで行ける場所でさして遠くはない。おまけに、キャンビー通りを挟んだ向かい側にはランガラ・ゴルフ・コースという市営のゴルフ・コースがあり、四季折々の美しい花壇の整備に定評のあるクイーン・エリザベス公園や、大きなオークリッジ・ショッピング・モール、それにカナダ特有の酒類専売リカーショップも徒歩圏内にある。まさに恵まれた環境と言えた。

　こうして、赴任前の個人的な準備も、新会社の体制作りも、徐々にその具体的な姿が見えて来つつあった。

第5章 赴　　任

　赴任まで、いよいよ2週間を切り、ますますせわしない日々が続いた。懸案の3社合弁事業契約も最終調整の段階に入り、各社からの出向者の顔ぶれおよび役割もほぼ明確になり、新会社の経営体制も固まりつつあった。
　具体的には、新会社の社名は従来名を極力生かし、事業承継会社であることを明確にするため、"Moli Energy (1990)"という名称を当てることとした。各社の出資比率は、東洋物産が40％、湯川電池および日邦電気が各30％。社長には、残された従業員への配慮および3株主のバランスを考慮して、従来社長を務めていたBoris Sawickyをそのまま起用し、開発担当副社長もDr. Klaus Brandtに引き続き担当させることとした。
　株主3社からそれぞれ1名を現地駐在の取締役として派遣することになった。
　東洋物産からはこの合弁事業の受皿組織である化学プラント部のホープで、将来の幹部候補生と目される村井氏が合弁会社の経営企画、経理、人事、総務、営業などを統括する取締役、すなわち実質的な副社長の含みで赴任することになった。その補佐役としてこれまでBC州政府との事業承継交渉を取り仕切ってきた角川氏が、Business Coordinatorという肩書で引き続きバンクーバーに駐在するという布陣であった。
　生産技術を担当する湯川電池からは、現職の取締役・研究所長であった河本氏が送り込まれた。この合弁事業にかける湯川電池の意気込みをまさに象徴する人事であったと言えよう。河本氏の下で、ベテラン技術者の桑山氏が技術全般を統括、若手の宇部氏

が品質管理を担当する体制であった。

　東洋物産および湯川電池からそれぞれエース級の人材が投入されるのに対して、我が日邦電気からは私一人が赴任することになった。それも担当部門を持たない無任所の取締役として。

　新会社の非常勤取締役として、各親会社の母体部門からそれぞれ1名が指名された。またこれに加えて、東洋物産の子会社で、日本におけるMoli Energy製電池の販売会社だった日本モリセル（合弁事業開始と同時に日本モリエナジー（NME）に改称）の社長の青野氏もMoli Energy (1990)の役員を兼務する体制となった。

　赴任が旬日後に迫った一夕、東洋物産本社12階の、皇居を見下ろす豪奢なレセプションルームで、盛大な合弁祝賀会兼赴任者の壮行会が開催された。

　参加者は50名ほど。合弁企業の株主3社の社長または副社長クラスの経営幹部、それぞれの会社の合弁事業の担当役員や幹部、事業サポート関係者、それに我々赴任予定者などが集まったのは当然だが、それに加えて、大手通信会社の日本通信から、経営幹部およびこの合弁事業に間接的に関わる関係者多数が参加しているのが印象的であった。

　不覚なことに、この時まで私の思考から全く欠落していたのであったが、この合弁事業は株主3社だけの判断で運営できるものではなく、日本通信を含めた4社の合意形成が必須であり、なおかつ日本通信は対等のパートナーではなく重要顧客かつ監査者の立場にあることをきちんと認識しておく必要があることにこの時"ハタ"と気付いた。

　元々、Moli Energyが開発、製造したリチウム金属電池は、究極の二次電池として期待されていた高性能な二次電池であった。不幸にも市場での火災事故が多発し、製品リコール、そして会社の倒産という憂き目を見たが、徹底した工程改善と厳しい品質管

理によって、何とかこの電池の生産を再開し、会社再建を果たしたいというのが、従来Moli Energyの事業に深く関わってきた東洋物産と日本通信関係者の切なる願いであった。なかんずく、日本通信にとっては、初めて携帯電話にこの電池を採用し市場事故を起こしてしまった当事者として、この電池を選定したことの正当性を再確認し、事故はあくまで製造工程の未熟による製造上の瑕疵であったことを実証することが、日本を代表する企業としての社会的責任だったのであろう。

　このような背景があったために、日本通信の幹部および直接関係する方々のこの事業に対する思い入れは、全くの新参者である私などとは比べようも無く重く深いものであった。

　これに加えて、Moli Energyと日本通信との間にはもう一つ重要な関係が存在していた。

　バンクーバーの隣街のバーナビーにMoli Energyの研究開発部門が置かれていたが、その施設に同居する形でMoli Energyと日本通信との合弁研究開発会社が設けられていたのである。この会社は、Advanced Energy Technologies (AET)と名付けられ、日本通信からの出向者数名と、Moli Energyから出向した研究補助者10名程度で構成された小さな会社であった。Moli EnergyとAETとの間では、両社の研究の重複を避け、またお互いの知的財産権を尊重するため、研究開発テーマを話し合いで調整することになっていた。そして旧Moli Energyを継承する新合弁会社Moli Energy (1990)の成立後には、AETを引き続きMoli Energy (1990)と日本通信との合弁会社として存続させることが既に約束されていた。AETが日本通信にとっては初めての海外合弁事業であったことも後に知った。日本通信のこの事業にかける思いのもう一つの大きな意味合いが、AETの開発成果への期待、その結果として日本通信の最初の海外合弁会社であるAETの事業の成功にあったのであろう。そしてバンクーバー赴任後、私自身もこのAETの

取締役を兼ねることになる。

　祝賀会に出席した日邦電気のトップ役員は日本通信出身の前川副社長であった。一方、東洋物産からの出席者の一人で、後にこの事業の担当役員となられた丹治取締役は、日本通信時代の前川副社長の部下であったことも後に知った。最先端電池を再度市場に送り出すという高い技術的なターゲットだけでなく、こうした関係各社の幹部の個人的な深い繋がりを次第に知るようになって、"これは大変な事業に関わることになった"という思いが私の心に根付いていった。それは怖さとかストレスといった類のものではなく、むしろ"よしやってやるぞ！"という、言わば武者震いのような思いであった。

第6章　バンクーバー生活

　連日の送別会もいつか全て終わり、7月6日（金曜日）の昼下がりに、私は自宅差し回しの車に乗って東京シティーエアターミナルに向かった。ここで30人ほどの知人の見送りを受け、成田空港へのリムジンに乗車した。さすがに寂寥感が胸を満たした。

　曜日によって多少の違いはあるものの、バンクーバー便は夕刻に成田を発ち、日付変更線を跨いだ8時間弱のフライトで、同日の午前中にバンクーバー空港にタッチダウンする。この日のフライトもスムーズで、ほぼ定刻に相変わらず快晴の爽やかなバンクーバーに到着した。就業ビザの手続を含む入国審査を滞りなく済ませた後、既に仮契約を結んであるアパートにタクシーを向けた。
　私は、この週末をかけてバンクーバーでの生活のセットアップなどの雑事を済ませ、月曜日からはフルに仕事に取り組む心積もりであった。
　ランガラ・ガーデンと名付けられたこのアパート群は、ハイライズ3棟と、私もその一隅に住むことになる6棟の連棟建てのタウンハウス群からなり、その中心部に小さな公園、広場、共用のプール、アパート事務所、クリーニング店、食料品店、食堂などが小ぢんまりと配置され、日常生活はこの小さなコミュニティー内でほぼ完結する構成になっていた。
　まずアパートの事務所に立ち寄り、賃貸契約書に正式にサインするとともに、アパートと車の鍵を受け取った。以前にも触れたように、幸い私は、前住の東出さんから家具および車付きで賃貸アパートを言わば居抜き状態で引き継いだので、車も地下の駐車

場にそのまま残しておいてもらったのである。
　わずかな手荷物を抱えて、タウンハウス2階の、これから何年か住まうことになる部屋に入る。カーテンを開けると、木製の広いベランダ越しに、まず大きな樅(もみ)の木。そしてその左手に、先ほどの小さな公園と広場が広がる。圧倒的なほどに豊かな緑に包まれて、私は思わず深呼吸をした。
　一息つく暇も無く、その日のうちに片づけておくつもりの、細々とした雑事を処理するために、地下に駐車されている白いカムリに向かった。
　家具付きで引き継いだとはいえ、寝具や什器(じゅうき)は残されていない。日本から送った荷物は、航空便が翌週、船便はおよそ1カ月後の配送となるので、当面の最低限の生活をこなすための品々を調達する必要があった。加えて、電話やケーブルテレビなどの契約もできればこの日のうちに済ませておきたかった。比較的シンプルな分かりやすい街であるとは言え、これらの事務所を訪ねて契約を済ませ、ショッピング・モール内を歩き回って必要な品々を買い整える作業は、肉体的というよりは精神的に負担の多いものであった。
　やっとの思いで最低限の寝具や什器、それに当面の食料品を買い整え、部屋に戻って、電話やテレビが通じることを確認し終えたのは夜8時過ぎであった。ビールを片手に、買ってきたソーセージやお寿司などのファーストフードでそそくさと空腹を満たし、シャワーを浴び、ベッドに倒れ込んだのは11時を過ぎていたろう。
　この正味40時間にも及ぶ長い1日がようやく暮れようというこの時、夏時間のバンクーバーの空はまだ薄明りを残していた。異国の空を実感させられる光景であった。

　慌ただしく、落ち着かない週末が明け、いよいよ本格的なバンクーバー生活が始まった。

7月9日月曜日朝6時起床。カーテンを開けると、今日も爽やかな青空。明け方の気温は15℃前後で、夏だというのに肌寒さすら感じる。

レタス、トマト、ハムのサラダ、トーストとインスタント・コーヒー。簡単な朝食と後片付け、そして出勤の準備。結婚して以来全く初めての単身生活をこのバンクーバーの地でスタートすることになって、手際がなかなかつかめない。ようやく身支度を整え、地下駐車場内の白いカムリの運転席に収まったのは、心積もりの7時をかなり過ぎていた。

アパートからMoli Energy (1990)までは片道40キロ強で40分ほどの道のり。バンクーバーのダウンタウンに向かう通勤車の群れとは逆方向なので車の流れはスムーズで、始業時間のほんの少し前に、無事Moli Energy (1990)の駐車場に滑り込んだ。まずは順調なスタートと言えそうだ。

Moli Energy (1990)の就業時間は午前8時から、1時間の昼食を挟んで午後4時半までの7時間半。アフター・ファイブならぬアフター・フォー・サーティーを、家族との団らんや趣味のスポーツなどに充てたいという従業員の強い希望によるものであった。

私のために用意されたオフィスは、事務棟2階の東向きの8畳間ほどの部屋で、スモークガラスの窓を背に、どっしりした木製デスクが置かれ、西側入口ドア付近に小さなミーティング用のテーブルが備えられていた。

事務棟は東、北、西の3面が全てガラス張りという明るい作りだった。東側にほぼ同じ大きさのオフィスが3室並んでおり、北東の角部屋に社長のBoris、真ん中の部屋を東洋物産の村井氏と角川氏が共有、そして会議室に接した南端が私のオフィスという配置であった。10名ほどの技術者が席を並べる事務所フロアの西側には、東側より一回り小ぶりな個室が4室並び、北西角から順に工場長のNorm Atkins、経理部長のBob Lea、湯川電池の桑

山氏と宇部氏が1室共有、工場棟を背にした南端に湯川電池からの取締役、河本氏が入室することとなった。事務棟の1階は、小さなレセプション、副社長のKlausをトップとする開発部門、人事総務部門が配置され、これらに隣接して40〜50人の収容が可能なカフェテリアが設けられていた。

　東洋物産の村井氏、および湯川電池からの3氏の着任は私より1〜2週間後に予定されていたので、最初の1週間はカナダでの勤務に関わる諸手続、領事館での在留届、銀行口座の開設、東洋物産やAET関係者への挨拶回り、社内主要幹部との顔合わせ、日本の関係者へのファックスでの着任挨拶送付、およびパソコンのセットアップなどの諸準備に費やした。

　余談ながら、日本との最も重要な通信手段であるファックスの送付は、この日以降私の密かな楽しみになった。と言うのは、私の報告先は日邦電気社内の、上は役員クラスから下は特定部門の担当者までと極めて多岐にわたるため、その配布先を確認して関係先に再配布するアシスタントが日本サイドに必要だったのである。私の本来の親元部門である回路部品事業部電池事業推進室は相模原工場内に所在するため、本社内などの関係先への再配信には不便なロケーションにある。そこで私は東京を離れる前に、元の所属先の部下だった広田さんに、個人的にこのアシスタント業務をお願いしておいたのである。ファックスの送信用紙の冒頭に、広田さん宛のその日その日の短信を添えるのが私の楽しみであった。そして、このファックスの送信は秘書の手を経ず必ず自分で行った。秘書が日本文を読める訳も無いのに。

　そんなある日、ダウンタウンの東洋物産のオフィスを訪問し、地下駐車場に車をパークした際、キーを車内に残したままドアをロックしてしまうというハプニングが起きた。幸い、アパートに予備のキーを残しておいたので、ロードサービスを呼ぶ騒ぎには至らなかったものの、やはり慣れない海外生活の緊張感の中で、

気が回りきれなかったのであろう。

　7月下旬、出向者全員がバンクーバーに顔をそろえ、いよいよ本格的な仕事がスタートした。
　ところで、アメリカと同様にカナダでも社内では職位に関係なくお互いをファーストネームで呼び合うのが当然の習慣である。日本人だけがいつまでも Mr. XXX などと呼ばれていては今後のコミュニケーションの障害になりかねない。そこで、日本人もそれぞれファーストネームで呼ぶことにした。問題となったのが日本人の固有の名前で、稀には名前がそのまま欧米でも通用する人もいるものの、大半の日本人の名は欧米人にとっては発音が難しく覚えにくい。それぞれが自薦他薦のアイデアに頭を悩ませながら、やっと決まった各人のファーストネームは次のようであった。
　東洋物産の村井氏：Tak (M)、角川氏：Michi、湯川電池の河本氏：Charley、桑山氏：Ken、宇部氏：Tom (U)、そして私は：Vic。私を除く他の人々は、基本的には名前の頭文字または発音を活かした命名だったが、私だけは自分の意思で名前（勝男）の訳語由来のファーストネームを選んだ。
　メープルリッジでの会社生活の中で大きな問題となったのは昼食場所の確保であった。社内にはカフェテリアのスペースがあり、コーヒー・サーバーや冷蔵庫および電子レンジは備えてあるものの給食の施設は無い。ローカル従業員はサンドイッチや、中には果物だけといった簡単な昼食を持参してこのカフェテリアで食事を済ませるか、あるいは会社近くの自宅に戻って昼食をとるのが一般的だった。しかし、我々日本人出向者は毎日どこかのレストランに食事に出かけなければならない。あいにくメープルリッジはかなりの田舎で、レストランの選択肢は限られている。試行錯誤の末に落ち着いたのは、1週間のレストランの巡回スケジュールをほぼ決めることであった。

メープルリッジ市内には韓国人シェフの日本食もどきが1軒のみ。本格的な日本食を楽しめるレストランは隣町にある"長崎屋"という店で、ここまで昼食を摂りに行くのには往復のドライブと食事時間を含めて少なくとも1時間半はかかってしまう。ローカル従業員の手前、毎日昼食時間を大幅にはみ出すのは控えなければならないので、この店に行くのは週1回に限定。これ以外は、車で5〜10分程度の、笑顔がかわいいサリーちゃんというウェートレスのいるファミリーレストランABC、ボストン・ピザ、ファーマーズ・マーケット内の中華レストラン、そして屋外のテラス席が気持ち良いパブを回り歩くことが習慣になった。

　中でも特筆すべきはファーマーズ・マーケット内の中華レストランで、元々は日本人が好むいわゆるラーメン系のスープ麺は一切メニューに無かったのに、Michiが指導して、焼きそば用の麺を転用して海鮮スープ麺を作らせてしまったことであった。これがその後、我々にとってはそのレストランの定番になった。

第7章 Moli Energy (1990)

　Moli Energy (1990) の最初の大仕事は、日本通信からの製品再認定を取得するためのコンファメーション・テストの実施計画を策定し、日本通信の関係者にご承認頂くことであった。このため我々が製造する金属リチウム電池の、性能、品質、安全性に関する要確認事項の洗出し、管理すべき規格値の決定、この規格を満足していることの確認テストの実施細目、および全体スケジュールの詳細な取りまとめが必要であった。

　一方では、まだ最終契約に至っていないBC州政府との事業承継に関わる諸契約についても、重要項目の詰めを行い、契約締結を急ぐ必要もあった。

　当然のことながら、コンファメーション・テストに関しては、技術関係の責任者であるCharleyおよび副社長のKlausが担当、州政府との交渉は渉外関係を総括するTak (M) とMichiおよび社長のBorisが担当した。無任所の私は、オブザーバー的な立場で、主に州政府との交渉に立ち会う一方、コンファメーション・テスト実施計画の検討作業にも勉強のつもりで極力参加した。

　7月後半には、家族が初めてバンクーバーを訪れ、約1カ月間アパートに滞在した。

　さすがに、赴任直後でもあり私が長期休暇を取ることははばかられたので、平日は家族3人だけで過ごしてもらった。"世界で一番住みやすい街、住みたい街"とも呼ばれるバンクーバーはカナダ有数の観光地でもあるので、幸い遊び場所には事欠かない。トロリー・バスに乗ってバンクーバーのダウンタウンに出向いた

り、ダウンタウンから楕円形の小型ボートで渡るグランビル・アイランドのパブリック・マーケットで新鮮な野菜や魚介類のショッピングをしたり、クイーン・エリザベス公園を散策したりと、家族もそれなりにバンクーバー生活を楽しめたようだった。週末には、車とフェリーで、州都ビクトリアへの1泊旅行やウィスラーへのドライブなどを楽しむこともできた。

　バンクーバーはまた世界有数のグルメ・シティーでもあり、レストラン巡りも楽しみの一つだった。和食、洋食、中華料理などの様々な選択肢の中で、家族が選んだトップ3は、バンクーバーのやや郊外に位置し、パスタやティラミスなど本場の味が楽しめるイタリアンのDario、市庁舎の向かい側に位置し、ダウンタウンやグラウス・マウンテンの展望が素晴らしい中華シーフード・レストランの麒麟（きりん）、そして東京ラウンジの1階下にあり新鮮な地元の魚介類や野菜をグリルでも、お寿司でも楽しめる和食の千代田であった。

　これ以降、例年夏の家族のバンクーバー滞在が恒例化した。初年度は近場だけで時間を過ごしたが、翌年には、カナディアン・ロッキーへの4泊5日の車旅行、更にその翌年にはバンクーバー島西海岸に足を延ばして、太平洋に沈む落日の豪華さに見とれたり、ネイティブ・アートの大家、ヘンリー・ヴィッカースのアート・ギャラリーを訪ねたりと、あちこちに足を延ばしてカナダ生活を楽しめる余裕も出てきた。

　妻が、夫（私の父）を亡くして既に十数年一人暮らしを続けていた私の母を伴って来てくれたこともあった。この時は人気の寝台列車でのカナディアン・ロッキー巡りを楽しむことができ、ささやかな親孝行が果たせた。

　この他にも妻とは、サンフランシスコからモントレーへのアメリカ西海岸の旅、ボストンでのロブスター三昧の旅、そしてケベックからモントリオール、ナイアガラへと紅葉のメープル街道を辿

る旅など、北米各地を訪れる機会も何度か作れた。
　尚子が大学の友人と二人でやってきたこともあった。二人で私のアパートに滞在し、平日は、既にバンクーバーのエキスパートになっていた尚子の案内でギャスタウンやグランビル・アイランドなどのダウンタウンの名所巡りで過ごし、週末には私も加わって、二人の希望のバンクーバー島の旅に出た。まずはビクトリアに1泊。名門ホテル、エンプレスのアフタヌーンティーを楽しみ、翌日にはバンクーバー島西海岸までドライブして、小さな港町トフィーノで小型ボートをチャーターし、ラッコやアザラシ、それに鯨などの野生動物のウオッチングに興じる和やかな小旅行となった。

　9月初旬に、コンファメーション・テスト計画案、BC州政府との事業承継契約最終合意案、およびこれらの実施に伴う今後2年間のMoli Energy (1990)の事業計画案を携えて、3名の取締役にMichiを加えた4名は日本に向かった。これら計画案について、まずはそれぞれの親会社の承認取付け、そしてコンファメーション・テストについては、更に日本通信のご承認を頂くためであった。
　多少の曲折はあったものの、事業承継契約案、および当面の事業計画に対する各親会社の承認は程なく得られた。最後に、コンファメーション・テスト実行計画に対する日本通信関係者のご理解、ご承認を頂く重要な作業が残った。

　9月上旬のある日、日比谷の日本通信本社で、"コンファメーション・テスト実施計画"に関する検討会が開催された。これには、カナダからBorisとKlausも駆けつけ、日本通信関係者および各親会社からの参加者も含め総勢40名ほどの大会議となった。
　日本通信は、社内に二次電池の専門研究部門を備えており、Moli Energy (1990)との合弁会社としてAETを設立するなど、二

次電池の開発および評価に大変積極的で、かなりの諸資源を投入しており、当然研究に携わる人材も豊富であった。従って、会議中に出される質問も具体的で的を射た内容が多く、半ば素人の私にはついて行くことが難しいものが多かった。特に最大の課題である安全性に関して、問題の原因系をいかに把握し、どのような改善手段を講じて、その改善手段の有効性をどのように証明するのかに議論が集中した。

　5時間に及ぶ白熱した議論の末に、数多くの要検討項目を残したものの、評価電池総数2万数千個、評価期間半年に及ぶコンファメーション・テストの大綱について、日本通信関係者の合意を頂くことができた。

　9月中旬にバンクーバーに戻ると、社内では早速コンファメーション・テストのための評価セル作りをスタートさせた。一方渉外チームは、Ladner Downsとの契約書案最終確認、BC州政府を代表するClark Wilsonとの協議、文言調整などを経て、10月初旬に契約調印の運びとなった。

　コンファメーション・テスト期間中、旧Moli Energyの保有する技術および資産を無償使用できる権利を得、従業員の雇用を原則維持する一方、コンファメーション・テストが成功裏に終了した際、技術ならびに土地と建物および設備などの資産を、その時点で再交渉し合意する対価でMoli Energy (1990)が買い取ること、合弁三社はコンファメーション・テストの遂行に必要かつ十分な諸資源を投入することを約した契約であった。

　契約書の調印当日、Tak (M)、Charley、それにVicの3人の取締役は、小型機の操縦資格を持つBorisの操縦するセスナ機に同乗して、州政府の置かれているBC州の首都ビクトリアに向かった。会社近くのメープルリッジの小さな飛行場を飛び立ったセスナ機

は、バンクーバー島の南端に位置する州都ビクトリアの空港に向けて、爽やかな青空の中を快適に飛行した。

調印式には、州政府から首相のHonourable Mr. Couverie自らが出席されたのを始め、財務大臣、法務大臣などそうそうたる幹部が列席、Couverie首相が契約書にサインする一方、Moli Energy (1990)を代表してBorisがサイン、また合弁3社をそれぞれ代表して3取締役が覚書にサインして、調印式を終えた。

赤紫の鮮やかな太平洋の夕景を背に、暮れなずむジョージア海峡上を飛行する帰路、"ようやく第一歩が踏み出せた"という高揚感が私の心を満たしていた。

こうして、激動のひと夏が慌ただしく過ぎ去っていった。仕事上では緊張の続く毎日だったが、プライベートな生活は次第に楽しいものになりつつあった。

週に1～2回は、誘い合わせて帰宅途中にダウンタウンの和食、洋食、中華レストランに立ち寄り、いずれもリーズナブルな価格で美味しい夕食を堪能。その後はだいたい東京ラウンジまたは同様の日本人経営のクラブ、"ハリウッド・ノース"でカラオケを楽しむ。

週末は基本的には休めるので、家族を日本に残し、それぞれ単身貴族生活を謳歌していたTak (M)、MichiおよびVicは、毎週末、それもほぼ全ての土日に、誘い合ってゴルフに繰り出した。A. Itoさんや勝子ママからのお誘いも頻繁にあった。

ゴルフ場はバンクーバー周辺の数十分のドライブ範囲内に数え切れないほどあり、それぞれ特徴のある、爽やかなリゾート地の雰囲気の中でゴルフが満喫できる。しかもスタート予約時間少し前にゴルフ場に到着しさえすれば、スルーでプレーができるため、ゴルフに要するのは半日で十分。午後の半日は、アパートの涼しい風が通るベランダにデッキチェアーを持ち出して、時折ご機嫌

伺いに訪れるリスと対話しながら、ビール片手に読書三昧。あるいは徒歩圏内にある、美しいクイーン・エリザベス公園までのんびり散歩といった心豊かな時間を過ごす。そして残った最後の半日は、掃除、洗濯、食材の買い付け、それに調理などの1週間分の家事。幸いなことに、バンクーバーでは"富士屋"という日本食材の専門店や日本のスーパー"ヤオハン"で、ほとんどの日本食材が購入できる他、随所にある現地資本のスーパーにも、味噌や醬油などの食材が置いてあり、材料の調達には全く困らなかった。調理そのものも、私にとっては気晴らしの一つになった。

　ストレスの多い東京の生活とは全く異なる、こうした心和む週末の時間が、翌週への活力の源泉となった。

　余談ついでに、カナダの運転免許制度についても触れておきたい。
　日本とカナダとの間には相互運転免許試験免除協定が無いため、我々のような長期滞在者は当初は日本の国際免許を所持して運転し、原則として現地在住6カ月以内にカナダの運転免許を取得しなければならない。
　運転免許試験は最寄りの警察所で行われる。まずゲーム機のような試験機に向かって交通ルールに関する学科試験を受ける。学科試験自体は日本のルールと大差ないので、英語さえ理解できればさして難しくはない。これに合格すると日時を予約して路上での実地試験を受ける。これは受検者自身が持ち込んだ車に試験官が同乗して、15分ほど公道を走り、発進停止のスムーズさや、信号、各種道路標識の認識度とその遵守度を審査して、公道での運転の適否を審査するのである。これ自体も本来はさして難しくはないはずなのだが、例えば私の場合は受験したメープルリッジのダウンタウンの、土地勘の乏しい道を走り、縦列駐車や一時停止などの実技を試験されるため、かなりの緊張感を伴う。結局その日の試験は一時停止違反（信号の無い交差点での一時停止時に

車の頭部を出し過ぎた）で不合格となってしまった。

　次の試験までには少なくとも2週間の間が置かれる。その間に、私は時間を作ってはメープルリッジの街中を走って、それなりに土地勘を養ったつもりで、2度目の試験に臨んだ。しかし、結果は2度目の試験も不合格であった。スクールゾーンの標識を見落とし、時速30キロの速度制限の街路を40キロで走ってしまったのであった。

　私はやっと3度目の試験に合格して、カナダの免許証を取得したのであったが、Moli Energy (1990)の出向者の間では、その後妙なジンクスができあがった。

　私の失敗体験を踏まえて、他の出向者も順次試験に挑んだのだが、私を含む45歳以上の出向者はなぜか必ず少なくとも2度は実地試験に失敗する。40歳代前半であれば不合格回数は1回で済み、30代の出向者は皆ストレートで合格する、というものであった。年齢による順応力の差が如実に表れたのかもしれない。

第8章 コンファメーション・テスト(1)

　1990年秋、BC州政府、日本通信、および親会社3社との諸調整、ならびにその合意のもとで、Moli Energy (1990) 製の金属リチウム電池の性能、信頼性、安全性を再確認するためのコンファメーション・テストが開始された。

　コンファメーション・テストの指揮を執るのは副社長のDr. Klaus Brandt。ドイツからのカナダ移民で、温厚な学究肌だがややひ弱な印象を受ける。倒産前のMoli Energyで開発責任者であった人物が倒産時に身を引き、その後を襲って開発部門の責任者を務めていた。アドバイザーは、出向者の中の技術担当責任者である取締役のCharleyが務め、この二人の下でMoli Energy (1990) の開発、技術、製造、および品質管理に関わる総員約100名がコンファメーション・テスト関連業務に携わる、まさに全社を挙げての取組みであった。このコンファメーション・テストを実施するため、Moli Energy (1990) は30名ほどの社員を増員していた。その大半は旧Moli Energyの勤務経験者であった。

　基本的なコンファメーション・テスト・プログラムは既に作成され、親会社および日本通信関係者の承認を得ていたので、このテスト・プログラムに沿って、セル（単電池）の試作、評価、および結果解析を行い、翌春に親会社および日本通信に報告して、金属リチウム電池の量産再開にこぎ着けるという基本シナリオであった。

　このプログラムに従って、1日100個前後の量産試作レベルのセル生産が開始された。

リチウムイオン電池についても同様だが、特に金属リチウム電池については、製造上の最大の課題は、工程中でいかに水分、および塵、埃などの異物との接触、混入を避けるかにある。
　金属ナトリウムと同様に極めて反応性の高い金属リチウムは、水に接触すると激しく反応し、発熱する。これが金属リチウム電池の安全性を左右する第一の懸念であると考えられていた。このため、金属リチウムを内包するセルの組立は、露点が－40℃以下のドライルームと呼ばれる非常に低い湿度管理下の室内で実施される。Moli Energy (1990)に設置されているドライルームはこの基準をクリアーするのに十分な性能を備えていた。ただ、当時は認識せず、後のリチウムイオン電池量産段階で気付いたことであるが、実際の湿度の値は、設備の除湿性能だけでなく、ドライルーム内で働く作業員の人数や、着衣の状況などに大きく依存する。このような変動要因が、試作した電池の安全性にどの程度の影響を及ぼしたのかは今となっては定かではないが、当時の技術的知見がその程度のレベルであったということの一つの実例である。
　電池の内部ショートの原因ともなりかねない塵埃に関する配慮は湿度管理よりも更に低レベルで、当初はほとんど考慮されていなかったと言っても過言ではない。電池の性能および安全性を保証する上で最も重要と考えられる電極の製造が、外気から扉一枚で隔てられただけの、空調も満足に行われていない室内で行われていたことがその端的な例であった。
　コーターそのものは、およそ600ミリ幅のアルミ箔製集電体ロールの上に、正極活物質の二酸化マンガン、導電材のカーボン、結着材のフッ素化合物および溶剤を混練したスラリーをナイフコート方式で高速で塗布し、塗布部に連結して設けられた連続乾燥炉で乾燥して電極母材を巻き取る。月産200万セル分以上の電極製造能力を有するかなり大規模なものであったが、その大きなコーターがコンクリート平打ちの床の上に無造作といった感じで設置

されていた。量産が行われていないこともあって、一般的な清掃が行われた室内は汚い、あるいは雑然としたという印象は受けなかったものの、冬季用の暖房設備のみが設置されただけの室内には一切温度管理、塵埃管理の配慮はなされていなかった。

　ドライルーム内で、このロール状の正極母材と負極母材である金属リチウム箔をセルの大きさに応じた幅にスリットし、1セルの容量に相当する所定の長さの正・負極材の間にセパレータと呼ばれる薄いプラスチックフィルムを挟んで巻き取ったものがジェリーロールと呼ばれる電極素子である。このジェリーロールをニッケルめっきした鉄製円筒缶に挿入する。セル異常時の熱暴走を抑えるためのPTCと呼ばれる過電流保護素子を介してジェリーロールの負極リードをキャップの先端部に設けた負極端子に、正極リードを缶の内壁にそれぞれ溶接接続し、キャップを円筒缶に溶接して固定する。更に電解液注入孔から所定量の電解液を円筒缶内に注入した後、この注入孔に金属ボールを溶着し缶を封止して、金属リチウム電池セルが完成する。

　ドライルームは密閉構造なので、湿度管理だけでなく、塵埃についてもある程度外部から隔離されてはいるものの、塵埃除去フィルターなどの設備は無く、ここも塵埃に対しては無管理状態と言えた。

　このようにして製造されたセルがドライルームから搬出され、所定の電圧まで初期充電される。これを室温で一定期間放置した後セルの端子電圧を測定して、この電圧値と初期充電後の電圧値との差が所定の管理値を超えるセルを自己放電不良品として廃棄する。これが金属リチウム電池の全製造工程であった。

　製造されたセルに対して、この後様々な評価が行われる。
　初期性能の検査項目は寸法、外観、電圧、インピーダンスなど、信頼性試験としてはサイクル試験および保存試験など、そして安

全性試験としては外部ショート、高温放置、過充電、過放電、釘刺し、圧壊などが挙げられるが、中でもMoli Energy (1990)が最も自慢にしていたのがサイクル試験器、およびこの設備を使用したサイクル試験技術であった。

　Moli Energy (1990)のサイクル試験器は、技術部門のリーダーの一人であったMark Reidを中心とするチームが社内で開発したもので、1セルごとの充放電サイクル試験データを収集、解析するシステムの1ベイ当たりの測定可能チャネル数は128。このベイを任意の台数拡張することが可能であった。当初Moli Energy (1990)が保有していたのは4ベイ分の512チャネルだったが、多量のセルのテストを実施する必要上逐次システムの拡張を行い、最終的には4,096チャネルの評価能力を持つに至った。充放電サイクルもSignature Curve方式と命名した独自の手法を考案、効率的かつ高精度の試験が可能であった。

　後にこの試験器の優れた性能が評価され、日本通信、日本通信とMoli Energy (1990)の合弁子会社のAET、親会社の一つである日邦電気、および北米同業他社などに、このシステムを多数台販売することになった。

　バンクーバーは樺太とほぼ同緯度にあるものの、海洋性気候であるため冬の寒さは厳しくない。冬の平均気温は東京とほぼ同じで、零下を記録するのは一冬に数回程度。従って降雪も稀なのだが、その代わり降雨日が多い。

　バンクーバーの冬を紹介する、"バンクーバーではゴルフとヨットとスキーとが1日で全て楽しめる"という小話があるのだが、これは必ずしも嘘ではない。たまさかの晴天の日には、ヨットもゴルフも可能だし、もちろんスキーもできる。ただ、ゴルフ場は芝がぬかるんでいるため長靴に鋲を打ち込んだ構造の冬用のゴルフシューズが必要で、ショットの度に泥の飛沫を浴びる危険が伴

う。当然ランが無いので飛距離は大幅に低下する。そんな訳で、バンクーバーの冬のゴルフは全くお勧めできない。

その代わりの冬の楽しみは何と言ってもスキーである。バンクーバー市街の積雪は少ないのだが、幸いバンクーバー周辺には様々なスキー場がある。最も近いのはグラウス・マウンテンで、ダウンタウンからわずか30分でゲレンデに立てる。他にも、サイプレスやシーモアといったスキー場がいずれもダウンタウンから1時間未満で行ける場所にある。これらの手近なスキー場でも、日本の一般的なスキー場とほぼ同規模のゲレンデとケーブルなどの施設を備えているので、十分楽しめるのである。

私も、スキーシーズンの始まりとともに、例のTak (M)、Michiの単身貴族3人組で、東京ラウンジの若い女性たちの何人かを誘って、早速グラウス・マウンテンに繰り出した。

このように書くと、私がスキーの達人であるかのような印象を与えかねないが、実は全くそうではない。雪国の出身でありながら、私のスキー経験はほとんど皆無に近く、しかも最後にスキーを履いてから既に20年以上も経過していた。全くの素人同然だったのである。

グラウスのメインゲレンデの全長はわずか2キロほど。眼下にバンクーバーのダウンタウンを見下ろす見晴らしのいいコースなのだが、最初は景色など全く目に入らない。何とか滑り出してはみたものの、足の筋肉がすっかり固まり、お尻が引けて、あっという間に尻もちをつく惨状であった。それでも、昔覚えた斜滑降でこわごわとゲレンデの端まで滑っては反対側に折り返すジグザグ滑りを繰り返し、その間に何度も雪にまみれて、2キロほどのコースの最下部にたどり着くのに何と30分も要してしまった。

「手を前に出して！」
「前傾姿勢を崩さない！」

「お尻を引かない！」
「ターンする時は体重を山側にかけて！」……
　早速、Michiによる特訓が始まった。彼は大学時代にスキー部に所属し、国体の代表にまでなった猛者だったのである。2時間ほどMichiの特訓を受けて、2キロのゲレンデを何とか転ばず、止まらずに滑り降りられるようになった。そしてその日から、私はスキーが病みつきになった。
　グラウスからの帰途、スキーショップに立ち寄ってスキー靴とスキー板を購入した。週末には、一人でそっとグラウスやサイプレスに出かけた。そして翌年からは、バンクーバーから120キロほど離れたウィスラー通いが始まり、ウィスラーやブラッコム山頂からウィスラービレッジまでの約11キロのコースを、ノンストップで滑り降りるのが楽しみになるほど、スキーに嵌ってしまったのであった。

　この間にも、コンファメーション・テストの諸作業は粛々と進められていた。1990年秋から翌年3月まで、合計2万数千個のセルを試作しその評価が継続された。当初1〜2カ月はさして大きな問題が生ずることも無く、関係者一同ほっとしながら新年を迎えた。
　しかし安心ができたのもつかの間、1月末に大問題が発生し、社内に衝撃と動揺が走った。サイクル試験中のセル数個が、発火事故を起こしてしまったのである。
　元々、金属リチウム電池にはサイクルを繰り返すうちにリチウムのデンドライト（針状結晶）が発生し、これが薄いセパレータ・フィルムを突き破って内部ショートを起こす危険性が懸念されていた。その懸念が、現実のものとなってしまったと考えざるを得ないようであった。
　発火したセルの分解調査、製造工程の再チェックなど、様々な

原因究明の努力が払われたものの、黒焦げになったセルの残骸から根本原因を探り出すことは不可能に近く、結局明確な原因が特定できないまま、親会社や日本通信にコンファメーション・テストの結果を報告すべき3月を迎えてしまった。

　KlausおよびCharleyを中心とし、Boris、Tak (M)、およびVicを交えた幹部で対策を検討したものの、窮状を打開できる名案は生まれてこなかった。やむを得ず、親会社および日本通信に対してコンファメーション・テストの結果をありのままに報告するとともに、親会社に対しては更に1年間のコンファメーション・テスト継続の承認、この間の費用を賄うための追加投資の要請を行う、という結論となった。

　分担して親会社および日本通信に対する説明資料を慌ただしく作成し、これを携えて、Tak (M)、Charley、Vicの3名が、暗たんたる気持ちで日本に向かったのは、バンクーバーに春が戻り、桜がまさに盛りの3月下旬であった。

　出向取締役3名が、それぞれの親会社の増資承認を取り付けるのには早くても2〜3週間はかかろう。当初締結された3社の合弁覚書は、合弁開始後1年以内には量産再開にこぎ着けられるという前提で、当初の出資金はこの間の費用を賄う額に過ぎなかった。コンファメーション・テストの延長に伴って、合弁事業覚書の修正も必要となる。親会社に求める承認は、単なる増資の承認だけではなく、この改訂合弁事業覚書の承認も必要であったため、例えば日邦電気の場合には、起案の書類決裁に加えて、経営会議および常務会における審議・決定が必要な案件であった。

　私は、日邦電気のスーパータワー42階の役員室に日参して関係役員に説明して回る一方、合弁3社間の調整、日本通信関係者への報告などに明け暮れた。

　何とか、日邦電気を含む親会社3社の承認を取り付けて、バンクーバーへの帰途に就いたのは、東京の桜の盛りがとっくに過ぎ

た4月末であった。1カ月ぶりの、バンクーバーのアパートの窓外の緑が鮮やかに目に染みた。

第9章 コンファメーション・テスト(2)

　新たな評価計画に基づいて、コンファメーション・テストが再開された。評価期間を約1年間延長し、評価サンプル数も第一ステージのほぼ倍に当たる5万個強を対象とする計画であった。
　大きな懸念の一つであった塵埃問題に関しても、半導体事業で塵埃対策に経験が深い日邦電気が指導し、改善を促進する体制を徐々に整えた。これに伴い、従来はオブザーバー的な立場にあった日邦電気からも技術者を受け入れることとなり、電子部品の生産技術経験者であるJoe（川田）とKarl（岡島）の2名が新たにメンバーに加わった。Joeは主に塵埃対策や生産技術全般の支援を、Karlは主に生産技術と品質管理とのコーディネーターとしての役割を担うこととした。
　更に、長期出張者として、同じ電子部品技術者のLeo（西山）が、課題の多い電極製造工程の技術改善を支援する体制とした。このLeoというファーストネームは、本人の希望で名付けられたものであったが、顔つきがまさにLeo (Lion) そっくり。加えてやや直情径行な性格の持ち主で、名実ともにぴったりのファーストネームだと仲間同士で噂し合ったものであった。
　新メンバーを加えて、コンファメーション・テストのプログラムは淡々と消化されつつあった。それは一見平穏な日々のようでもあったが、明確な問題解決の糸口が見えない暗中模索の状態が続いていたため、日本人出向・出張者にとっても、ローカル従業員にとっても、心中には常に不安を抱えている状況だったかもしれない。
　会社の雰囲気を少しでも明るいものにしようと、人事・総務マ

ネージャーのHeatherや他のローカル幹部からの提案もあって、様々なイベントが試みられた。

昼食時間を延長して行ったバーベキュー・パーティーでは、日本人出向者や会社幹部が調理当番を担当。半分黒焦げのハンバーガーや飲み物を従業員に振る舞う。趣味のマウンテンバイクの話題など、気の置けない会話が飛び交い、ひと時の和気あいあいとした時間を過ごした。

バンクーバーの青空を彷彿させる鮮やかなブルー地に、白字でMoliのロゴを配したスポーツコートと、黒と赤とのスポーツキャップとをデザインし、従業員に安価で販売したこともあった。「どう、似あうだろう！」と自慢げにスポーツコートを羽織る若手従業員の笑顔が眩しかった。

秋になると、釣り好きの従業員からの提案でサケ釣りコンテストが行われた。数十名の参加者が借り上げた漁船に乗り込み、バンクーバーとバンクーバー島の間に横たわるジョージア海峡の漁場で自慢の腕を競い合った。中には体長1メートルを超える大物を釣り上げ、「やったぜ!!」と大喜びする姿もあった。

ローカル従業員と日本人とのコミュニケーションがこのようにスムーズになりつつあった初秋の一夜に、思いがけぬ"事件"が起こった。

既に就寝していた午前零時過ぎに、突然枕元の電話のベルが鳴り響いた。こんな時間に何だろう、日本からの緊急電話だろうか、と不安に駆られながら取り上げた受話器から流れてきたのは弱り切った感じの社長Borisの声であった。
「Vic、困った問題が起こってしまった」

事の発端はLeoであった。
Leoが支援する電極製造工程は、電池の性能や信頼性に最も大

きな影響を及ぼす重要な工程だが、当時 Moli Energy (1990) の製造する電極の品質は安心できるレベルのものではなかった。集電体のアルミ箔上に塗布し乾燥させた正極膜は、下地のアルミ箔との結着性が弱く、膜質が脆（もろ）く、ジェリーロール巻回時にひび割れて剥離してしまうことが多々あった。これでは電池の製造ができないし、運良くジェリーロールが巻けたとしても、電池に組み上げて充放電サイクルを繰り返すうちに電極剥離が生じ、性能劣化、ひいては安全性に関する重大な障害を引き起こしてしまう懸念があった。

　電極の出来上がりを左右する要因には、電極活物質の組成や粒度分布、活物質、導電材、結着材および溶剤の混合比率、スラリーミキサーの構造ならびにミキシング方法およびミキシング時間、スラリーの粘度やその性情、基材のアルミ箔の表面組成および清浄性、スラリーの塗布方法および塗布スピード、塗布後の乾燥方法、温度および時間、など様々なものがあり、それぞれの管理が大変難しい。

　この日も、朝から Leo の指導のもとで電極の試作が行われた。様々なトライアルが夜まで続けられたがその結果は思わしいものではなかった。指導する Leo にも、そして作業者たちにも疲労が蓄積し、いらいらが募っていったのであろう。

　元々、コミュニケーションの基本とも言える言葉の問題が根底にあった。出向者、出張者を含む日本人のうちで、全く問題無く英語が操れるのは東洋物産出身の Tak (M) と Michi の二人だけ。私自身は、場数を踏んで度胸だけは付いているものの、典型的なジャパニーズ・イングリッシュ・スピーカーで、ローカルとの意志疎通度は恐らく6〜7割であったろう。そしてこの3名以外は、これまで日常的には英語のコミュニケーションをとったことの無い言わば初心者であった。Leo もその例外ではなく、たどたどしい単語の羅列と、筆談とによるコミュニケーションで、どれだけ正し

い情報が伝わり、意志疎通ができていたかは大いに疑問があった。
　夜に入って、ついにLeoの癇癪玉が破裂した。英語と日本語混じりでまくし立てたらしい。
「もう止めた。こんな状態で良い電極が作れる訳が無い。お前たちは私（Leo）の言うことを全く聞かないし、電池を作る能力が無いのだから、Moli Energy (1990)での電池製造など止めてしまえ。私は今夜日邦電気本社幹部に電話して、この状態をあからさまに伝えてやる……」

　更に、遅くまで会社に残っていたBorisの部屋に押し掛けて、同様の主張を繰り返したらしかった。BorisはKlausなどのローカル幹部と対応を相談した上で、困り果てて深夜にもかかわらず私の意見を求めてきたのであった。
　私は、早速Leoが滞在しているホテルに電話した。
「Borisから今夜起こった問題の状況を聞いたけど、実態はどういうことだったの」
　一応Leoの主張も再確認し、その上で次のように指示した。
「今夜お前（Leo）がとった行動は会社運営のルールに反しているし、かつお前に委ねられた職権を逸脱しているぞ。私（Vic）としては、Moli Energy (1990)の経営を預かる者の一人として、また日邦電気の現地代表者としてその行動および主張を認めることはできない。お前が直接に日邦電気本社関係者に報告するようなことは絶対してはいかんぞ」
　そして約束した。
「とにかく明日朝一番にMoli Energy (1990)幹部および電極工程に関わる関係者を全員集めて電極問題の対策会議を開くので、その場で今後の対応策を決めよう」
　その後この旨をBorisにも伝えて、ようやくベッドに戻ったのは午前3時に近かった。

関係者20名ほどを集めて開いた翌朝の会議では、まずMoli Energy (1990) の技術問題に関する全ての経営責任、判断責任は副社長のKlausにあり、取締役のCharleyがこれを補弼する体制であること。全ての判断および指示はMoli Energy (1990) の組織としてこれを徹底し遂行するものであること。Leoはあくまで親会社の1社から派遣されたアドバイザーであり、上記意思決定および指示系統に直接関与する権限を持たないこと、の3点について、Leoを含め全員で再確認した上で具体的な電極の技術問題の対策協議に入った。

この結果、スラリーの粘度管理の導入、コーティング・スピードおよび乾燥条件の見直しなどの具体的な対策項目を抽出し、この日以降これら技術課題を一つひとつ潰していく作業が続けられた。

およそ一月後、どうやら実用に耐える電極製造に目途が立った。この間Leoも技術改善活動にメンバーの一員として熱心に参画し、Leoとローカル従業員との人間関係も目立って改善された。

12月に入ると、街はクリスマス一色。ダウンタウンのビル群や郊外のそれぞれの家庭でも工夫を凝らしたイルミネーションの美しさを競い合う。一方、半島状に突き出したバンクーバーのダウンタウンを囲むバラード・インレットからイングリッシュベイにかけては、数十艘の大小のクルーズシップがマストを満艦飾のランプで飾り、一列になって湾内を巡るクリスマス・デコレーション・クルーズが始まる。

Moli Energy (1990) 社内でも、金曜の夜に、会社近くのレストランを借り切って全従業員を集めたディナー・パーティーが催され、ささやかなプレゼントの交換などに興じた。

"日本人だけで忘年会を" という話が持ちあがり、ある日曜の夜、私のアパートを提供してパーティーを開くことになった。

料理自慢になっていた私は、当日朝からオードブル、サラダ、海鮮鍋などに腕を振るい、午後3時頃からはメンバーが三々五々つまみやワインなどを手に集まってくる。

男だけでは味気ないと、Michiが行きつけの東京ラウンジとハリウッド・ノースのワーキングホリデーのお嬢さんたちに声をかけたため、集まったのは男女合わせて15人ほど。華やかな歓声の中で楽しい時間が流れていった。

ふと気付くと、MichiとTom (U)がフロアの絨毯の上でレスリングのようなことをしている。"興に乗って、あんなことをして"と、誰もがその時は笑って見過ごしていた。やがて夜も更け、それぞれが家路に就いた。Tom (U)が、同じアパートに住む湯川電池の仲間にも声をかけずに、いつの間にか姿を消していたことに誰も気付いていなかった。

翌朝オフィスに着くと、私とTak (M)に宛てて、日本の湯川電池の幹部から抗議のファックスが届いていた。予想しなかった"事件"がまた一つ起こったのである。

抗議文の大要は次のようなものであった。
"昨夜、取締役の一人であるVic宅で、忘年会が行われたと聞いている。その席で、湯川電池のTom (U)が東洋物産のMichiから首を絞められるという暴行を受けた。その場にはVicとTak (M)という二人の取締役がおり、この暴行を承知しながら一切制止行動をとらなかった。二人の取締役の、かかる管理不行き届きに厳重に抗議するとともに、今後このような事態を二度と起こさぬよう、経営幹部としての反省と、部下の指導徹底とを強く要望する"

後に分かったのだが、Tom (U)はその夜、密かに私のアパートを抜け出すと、自分のアパートまでの10キロを超える寒い夜道を、泣きながら、一人でとぼとぼと歩いて帰ったそうである。Michi

とTom (U) は、出向者の中では共に若手で、年齢が近いこともあって、日頃は仲良さそうに見えた。当夜は、体育会系のMichiが、品質管理を担当するTom (U) にもっと頑張って欲しい、力を出し尽くして欲しいとの期待を込めて、Tom (U) の首を絞めるような行為をしたらしいのだが、酔いも手伝って力が入りすぎ、Tom (U) が逃げようとしても逃げきれなかったらしい。

　日頃、日邦電気と東洋物産の出向者が、湯川電池の技術指導力にやや不安と不満を覚え始めており、何とはなしの居心地の悪さを湯川電池出身のメンバーが感じていたと思われることも背景にあり、これが何らかの作用を及ぼしたのかもしれない。

　何とかアパートにたどり着いたTom (U) が日本に電話をし、窮状を訴えたことで、抗議文の発信にまで至ったのであろう。

　この"事件"が直接の原因という訳ではないが、この頃から親会社3社の協力関係にも駐在員相互間にも微妙な溝ができ始めていたことは否めない。

　多事多難な2年目がようやく暮れようとしていた。

第10章　金属リチウム電池事業化断念

　様々な課題を抱えたままで1991年が暮れようとしていた。
　私は家族を呼び寄せ、北米最大のスキーリゾート、ウィスラービレッジのレンタル・コッテージで年末年始を過ごすことにした。
　ウィスラービレッジには、ウィスラー、ブラッコムの両峰に抱えられるように、ホテル、コッテージ、レストラン、スポーツ・ショップなどが静かに佇んでいる。このビレッジ中心部から徒歩10分弱の場所に位置するレンタル・コッテージは、木造2階建てのどっしりした建物で、暖炉を備えたゆったりしたリビングダイニング、天窓付きのベッドルーム、ジャグジー付きの広いバスルームなど、全てが我々家族にとっては非日常的な豪華な空間だった。
　しかし、この非日常的な空間に実は落とし穴があったのである。「まずはひと風呂！」と元気よくバスルームに向かった剛の、「ひぇー!!」という悲鳴が間もなく聞こえてきた。慌てて駆けつけると、何とお湯が出ず、冷たい水をいきなり浴びてしまったのであった。コッテージの管理者に翌朝に来てもらって給湯器の故障問題は解決したものの、剛はその夜から発熱して寝込んでしまった。
　翌日の大みそかの夕食後、風邪をひいた剛と妻とをコッテージに残し、尚子と私は彼女が楽しみにしていた新年のカウントダウンに参加するためウィスラービレッジに向かった。きらめく星と凍える寒さの中で大勢のカナダ人に挟まれながら体験した新年のカウントダウンは、除夜の鐘とは全く異なる新鮮な越年風景だった。
　1992年元旦には剛の熱も下がり、雪に覆われたコッテージで、暖炉の火を眺めながら家族そろって異国でのお屠蘇とお雑煮とを

祝うことができた。
　翌2日に、やっと4人そろってゲレンデに向かった。幸いこの日も晴天で絶好のスキー日和だった。ところで家族4人の技量は、私がスキーに嵌って2年目の一番楽しい時期、剛は田舎に住む従兄弟たちに誘われた何度かのスキー経験があってそれなりに滑れるものの、妻と尚子はほとんどスキー経験が無いので、まずは緩斜面を選んでのスキー教室から始める。
　こわごわスキーを履いた妻は、どうしても体重が後ろに偏ってしまうために斜面を下るのではなくスキーの先端が斜面を登って尻もちをついてしまう。そんなことが何度か続いて早々にリタイア宣言。
　「レストハウスで待っているから3人で楽しんでいらっしゃい！」
　尚子は、先に滑り降りては「ここまでおいで！」といういささか乱暴な私の指導を嫌がり、親切な剛の指導に頼って、それでも緩斜面であれば転ばずに滑れるようになった。
　レストハウスでの昼食後、妻は先にコッテージに戻り、残りの3人でウィスラー山頂へのリフトに乗った。少し滑れるようになった尚子も、白銀に輝くウィスラー山頂からの眺め、そして山頂からビレッジまでゆったりと続く林間コースの滑りをそれなりに楽しめたようであった。
　北米最大のスキーリゾートで家族と過ごしたこの数日、レンタル・コッテージで暖炉の火を眺めながら久方ぶりに家族と囲んだ食卓の安らぎは、まさにつかの間の安息だった。

　短い休暇明けから、コンファメーション・テスト結果の最終取りまとめに入った。
　電極そのものの品質はかなり改善されたものの、これまで続けてきた評価テスト結果は散発的に発火を起こすテストセルがあり、残念ながら金属リチウム電池の安全性についての懸念を完全に払

拭できるものではなかった。更なる追加テストを行うための時間はもうほとんど残されておらず、またたとえ追加テストを行ったとしても、満足な結果が得られる自信が我々には無かった。

KlausおよびCharleyを中心とし、Borisなどの経営幹部が加わった検討会が連日続けられたが、議論は堂々巡りで起死回生となる結論は出てこない。悶々とした日々が重ねられ、あっという間に1ヵ月が過ぎた。

2月に入ると、バンクーバーは急速に春めいてくる。日差しがめっきり明るくなり、日照時間も日ごとに延び、気の早い桜がほころび始める。

しかしそれは、Moli Energy (1990)の経営幹部にとっては今後の事業方針に関する何らかの決断を刻一刻と迫られる苦悶の日々であると言ってもよかった。日本からの出向者にとっては、仮に"Moli Energy (1990)の事業継続は不可能である"と結論付けたとしても、それによって直ちに職を失う訳ではない。日本に戻ればたとえ陽の当たらない部署であっても何らかの仕事は与えられるだろう。しかしBorisを始めとするローカル社員にとって、事業停止は失業という悲惨な明日を意味するものであった。

仮に、金属リチウム電池の再事業化は断念するとしても、何とかMoli Energy (1990)の事業を継続する手立ては無いのか。我々の議論は次第にこうした方向に向かわざるを得なかった。

前年の秋に、日本の大手電機会社の一つであるサニー通工がリチウムイオン電池を開発し、自社のカムコーダーに搭載して発売したことは我々も承知していた。このリチウムイオン電池をMoli Energy (1990)でも開発できないだろうか。幸いKlausが管轄する開発部門では、細々ながらリチウムイオン電池の材料開発にも手を染めていた。また、以前からMoli Energy (1990)と協力関係にあるサイモン・フレーザー大学の教授Dr. Jeff Dahnのグルー

プでも、リチウムイオン電池の材料研究を行っていた。

　リチウムイオン電池はサニー通工と朝日化学が1991年に相次いで商品化に成功したが、以前からの電池の大手企業はまだ発売するまでには至っていない。Moli Energy (1990)が1〜2年以内にリチウムイオン電池の開発に成功すれば必ずしも商機に遅れたとは言えまい。この電池は充放電に化学反応を伴わず、リチウムを含有する金属酸化物正極とカーボン負極との間をセパレータの微細孔を通ってリチウムイオンが行き来し、正・負極活物質の結晶の層間にリチウムイオンがドープ（滞留）する、ロッキングチェア・テクノロジーと呼ばれるメカニズムで充放電が行われる全く新しいコンセプトの電池であり、その構造も従来の電池とは大きく異なる。従って、ベンチャー企業であるMoli Energy (1990)にとっても十分参入のチャンスがありそうに思われる。

　こうした判断から、我々は"金属リチウム電池の事業化を断念し、リチウムイオン電池の開発、事業化を新たなビジネスターゲットとする新規事業計画"の策定に急遽取り組んだ。しかしこの新たな事業計画の遂行を可能にするためには、多くの課題をクリアーする必要があった。

　第一に、コンファメーション・テストの最終結果、すなわち"金属リチウム電池の安全性を実証することは不可能で、この事業化を断念せざるを得ない"というMoli Energy (1990)としての結論を親会社およびユーザーである日本通信に説明しその了解を取り付ける必要があること。

　第二に、"リチウムイオン電池を商品化するための新たな事業計画"の実現可能性を親会社に説明し承認を得るとともに、この新事業遂行のための資金計画、すなわち増資の承認を取り付けること。

　第三に、旧Moli Energyの技術資産である金属リチウム電池の

事業化を前提に、BC州政府との間で締結した事業承継契約に関して、金属リチウム電池の事業化断念とリチウムイオン電池という新規事業への展開というMoli Energy (1990)の事業方針転換に即して、従来の契約内容を大幅に改訂することをBC州政府と交渉し、改訂契約を締結すること。

　第四に、日本通信とMoli Energy (1990)の合弁会社であるAETの今後の事業形態についても結論を得ること。AETはMoli Energy (1990)とは異なる正極材料を用いた金属リチウム電池の開発を進めていたが、Moli Energy (1990)の事業がリチウムイオン電池へと方向転換する中で、AETの事業をどのように進めるかを日本通信と検討し、合意ならびに必要な措置を講じる必要があった。

　第五に、事業計画の一部とも言えるが、リチウムイオン電池の製造・販売という新たな事業計画を実施するためには少なくとも1～2年間は開発に専念せざるを得ず、この期間の諸経費を最低限に抑えるためには"Moli Energy (1990)としてのリストラ"を再度企画し、実行する必要があった。

　これらの諸問題に対して、Moli Energy (1990)の経営陣としての考え方をまとめ、親会社、AETおよび日本通信、BC州政府、ならびに従業員に提示し、それぞれに納得を取り付けるという、切羽詰まった、気の重い作業の日々が続いた。

　3月末。ようやく取りまとめた結論、および新事業計画案を持って、Tak (M)、Charley、MichiおよびVicの4名は日本に向かった。大きな希望を抱いてバンクーバーへの機上に納まった2年前の春とは全く相反する重い気分での帰国であった。

　当然ながら、親会社や日本通信関係者との調整は難航した。それぞれの出身会社内での報告と打合せ、その結果として出身会社

としての暫定結論を携えての各社間の調整、更にその宿題を持って再々の出身会社内の打合せ、といった日々が繰り返された。

1カ月以上を費やして、ようやく次のような結論に到達した。
① 金属リチウム電池の事業化は断念する。
② リチウムイオン電池の開発、商品化を目的として、Moli Energy (1990)の事業は継続する。
③ ただし、バーナビーの研究施設を閉鎖し、メープルリッジに統合するなどの大幅なリストラを行い、コンファメーション・テスト実施のため逐次増員して200名ほどになっていた従業員も、その2/3を解雇する。
④ 今後2年間を目途とする、リチウムイオン電池開発・商品化期間をカバーするための費用を増資で賄う。
⑤ これに伴い、湯川電池は合弁事業から撤退し、増資額は日邦電気および東洋物産の2社が、最終出資比率が日邦電気51％、東洋物産49％となるように負担する。湯川電池は初期出資金の返還請求権を放棄する。
⑥ 湯川電池の合弁事業からの撤退に伴い、今後のMoli Energy (1990)の技術面の責任は日邦電気が負う。湯川電池からの出向者の帰任に伴い、日邦電気および東洋物産から若干名の技術者を赴任させる。
⑦ 以上の事業大幅転換に伴う、BC州政府との事業承継契約改訂交渉を東洋物産主導で行う。
⑧ バーナビー研究施設内に併設されていたAETの研究施設は移転しない。借用フロアの契約更改はAETが不動産所有者との間で独自に行う。AETの今後の事業計画にMoli Energy (1990)は一切関与せず、また今後の資金負担には応じない。

こうした親会社としての決定事項を、この後2カ月程度をかけて粛々と実行した。
　工場長のNorm Atkinsなどの幹部社員を含む従業員の大幅リストラを行うこともあり、湯川電池からの出向者3名の送別会は日本人だけの密やかなものになった。2年弱という短い期間ではあったが、異国の地で金属リチウム電池の事業化に共に挑んだ仲間3人が、肩を落として日本に向けて去る姿に、胸詰まるものがあった。

　夏を過ぎ、バーナビーからの研究設備移転などに伴うメープルリッジの改装が一段落するまでの間に、出向者の顔ぶれにも大きな変化があった。
　日邦電気からIsac（栃村）とTak (E)（榎戸）が技術担当者として新たに着任した一方、東洋物産出身の取締役のTak (M)が帰任して後任にToby（宝井）が着任。この数カ月後にはBusiness CoordinatorのMichiもTad（川吉）と交代するなどの人事異動があり、結果として合弁事業開始当初から残る日本人出向者は私（Vic）一人になった。
　湯川電池が合弁事業から撤退しただけでなく、東洋物産にとってもMoli Energy (1990)の事業運営のリーダーシップを日邦電気に譲り渡したために、社内における事業のプライオリティーに明らかな変化が生じたのであろう。
　一つの時代の終焉をまざまざと感じさせられる、秋の日々であった。

第11章 リチウムイオン電池研究開発の日々

　Moli Energy (1990)の事業目標を、金属リチウム電池の事業再開からリチウムイオン電池の研究開発および2年程度でその事業化に目途を付けるという方向に大きく転換し、従業員も従来の3割の70名程度にまで削減、バーナビーの研究所を閉鎖してメープルリッジに集結するという大手術をほぼ完了したのは、1992年も暮れようとする頃であった。

　BC州政府との事業承継契約改訂交渉も無事終了し、日本通信との合弁会社であるAETの存続に関しても、AETが行う研究開発に一定の目途を得るまでの間、全ての経営責任を原則として日本通信が負う方向で関係者の合意が得られ、Moli Energy (1990)の当面の課題は概ね解消された。

　大災害の後の一種の虚脱状態のような、一見穏やかな日々が戻ってきていた。

　Moli Energy (1990)の中では、円筒型リチウムイオン電池の小規模試作ラインの整備、コイン電池による電池の基本性能の確認実験などが細々と続けられ、定例の経営会議でこれらの進捗状況が淡々と報告されるという静かな日々であった。

　そうした中では、月に1回のAET関係者からの開発状況報告会、サイモン・フレーザー大学のJeff Dahnのグループとの時折の情報交換会などが、わずかに彩りと言える状況であった。

　注意力の欠如を如実に示す大事件が私自身の身に起こったのは、クリスマス休暇を間近に控えた12月上旬の金曜日の深夜だった。

　カナダでは、車が必需品であるため飲酒運転に対する規制は比

較的大らかである。しかし、クリスマスシーズンだけは例外で、バンクーバーのダウンタウンから郊外に向かうバラード、グランビル、キャンビーの三つの主要な橋のいずれかで必ず飲酒運転の検問が行われていることは承知していたはずだった。

　その夜も、お気に入りの東京ラウンジでこれもお気に入りのカナディアン・ウィスキー"クラウン・ローヤル"のグラスを重ね、調子に乗って十八番のエンディングソングの一つ、"恋人よおやすみ"を歌い、ご機嫌で地下の車庫に駐車してあった愛車のカムリの運転席に納まった。いつもだったら、「今夜はどの橋でやっているだろう？」といった会話を交わした上で同僚と別れるのに、その夜はそれもしなかった。実際かなり酔いが回っていたのであろう。

　ダウンタウンから私のアパートまでは三つのどの橋を渡っても帰れるのだが、何と言ってもキャンビー・ブリッジを渡ってそのままキャンビー通りをたどるのが一番早い。ほとんど通行車両の無いキャンビー・ブリッジの緩やかな右カーブを鼻歌交じりで運転していたので、恐らくスピードも時速70キロ位は出ていたであろう。カーブを曲がりきった前方に赤色の検問灯を発見した時、検問所までの距離は50メートルも無かった。慌てて急ブレーキを踏むと、愛車のカムリは右に大きくスピンし、橋脚の寸前でようやく停止した。急ブレーキをかけたことに加えて、路面が凍結していたこと、オールシーズン・ラジアルのトレッドが摩耗気味であったことなどもこの急スピンの要因になっていたかもしれない。数名の警察官が停止した私のカムリに向かって駆けつけて来た。

　それからはお決まりのルーチンが始まる。ホールドアップさせられた状態でのボディーチェック。免許証のチェック。風船膨らまし。その結果、明らかな飲酒運転、速度超過、乱暴運転を指摘され、数名の仲間？とともにトラックの荷台に乗せられて最寄りの警察署まで拘引（ただし、手錠は無し）された。その間に、愛車は手際よくどこかに牽引されていってしまった。

警察署に着いた後、まず免許証を没収され、代わりに免許証の預かり証が手渡される。そして再度呼気の検査。その後、今後の諸手続に関する説明がある。カナダの法律では検問で捕まっても直ちに違反切符が切られる訳ではなく、どうやらまず裁判にかけられるらしい。裁判の判決によって免許停止や罰金などの処置が決定されるのである。その裁判手続に関する説明（後日裁判所への出頭日を指定した書類が届く）、牽引された愛車の引き取り手順の説明、今後法に基づく各種の責務を誠実に履行する旨の誓約書への署名などを済ませ、警察署の玄関を出たのは朝6時頃だったろう。さすがにこの時までには、さしもの酔いもすっかり覚めて、憮然とした思いを抱きながらタクシーを拾ってアパートに戻った。人身事故や物損事故を引き起こさなかったことがせめてもの幸いであった。
　土曜日の朝、シャワーを浴びて一休みした後、またタクシーを拾って市街地から外れた牽引車両の保管場所まで出向く。車の入出を管理するブースで所定の牽引料を支払うと、愛車のキーを返してくれ、運転して帰宅することが許されたのであった。
　週明けに出社してすぐに、私は社長のBorisと人事担当マネージャーのHeatherにこの週末に起きた不始末を報告した。彼らからのアドバイスに従い、Moli Energy (1990)の顧問弁護士とも言えるLadner DownsのBill Milesに電話して、来るべき裁判に備えてこうした裁判に経験の深い弁護士の紹介を依頼した。Billに紹介された弁護士Stuart Leinとも数回面談して、無罪を主張するための弁護方針の打合せを行った。
　このようにして裁判に備えたものの、裁判所からの出頭命令書はなかなか届かなかった。運転免許証は取り上げられているものの、預かり証を携行することで運転そのものは通常通り行える。日常生活に紛れてそろそろこの事件を忘れかけていた翌年6月になって、ようやく出頭命令書が内容証明郵便で配達された。

いよいよ、人生で初めての、それも英語による裁判の被告人として地区裁判所に出廷した。裁判官は3名。検察側証人として、事件当時検問を行っていた警察官2名も出廷していた。被告人席の私の横には弁護士のStuartが座った。

裁判は、まず本人確認、そしてバイブルに手を添えての宣誓から始まる。そして検察官の論告、検察官の証人（警察官）への質問と続く。この時、検察官の「犯人はこの場にいるか？」との質問に証人の警察官が芝居気たっぷりに法廷全体を見回した上で、おもむろに被告席の私を指さした姿が妙に印象的であった。裁判官の被告人質問に対して、私はStuartとの打合せの通り、「酒気帯びではあったものの運転が危険な状態ではなく、無罪である」旨を簡潔に述べた。これに続く弁論で、Stuartは私と同様の主張を繰り返した上で、「被告人は社会的な地位も高く、カナダと日本との重要な経済協力関係を推進する要人の一人であり、判決にはこの点にも十分配慮すべきである」といった趣旨の弁論を繰り広げた。私はこの弁論を聞きながら、この主張では弱すぎるのではないかとやや不安を覚えた。最後に、次回開廷（判決）日を確認してこの初公判は2時間ほどで閉廷となった。

3週間後の判決は、懸念した通り1年間の免許停止と600カナダドル（当時約7万円）の罰金支払いという有罪判決であった。私のカナダ在住中の最大の汚点となった。

この日から、私の日常生活は誠に不自由なものになった。会社への通勤は、近くに住む同僚のTobyに送迎をお願いしたものの、週末の買い物などはトロリー・バスか徒歩で済ませなければならない。あまりの不自由さに音を上げて、3カ月目からは日本の国際免許を携帯して運転を再開した。もちろんこれは違法なのだが、持っていないよりはましだろうとの判断だった。その代わりと言うのも変だが、これ以降、法定スピードを遵守し、飲酒量も大幅に控えるなど、格段に慎重な運転を心掛けるようになった。

第12章 知的財産権交渉

　リチウムイオン電池製造上の最大の検討課題は、正極活物質に何を用いるかであった。当時既に実用化されていたのはコバルト酸リチウムで、先発企業であるサニー通工もこれを採用して18650という特殊サイズの円筒型電池を実用化し、自社のカムコーダーに搭載していた。コバルト酸リチウムの最大の利点は、得られるエネルギー密度が高いことで、単位体積あるいは単位重量当たりで、他の活物質よりも高い蓄電容量が得られることであった。これ以外の正極活物質の候補には、ニッケル酸リチウム、マンガン酸リチウムなどが考えられ、このうちニッケル酸リチウムはコバルト酸リチウムとほぼ同等の容量が実現できるものの安全性に大きな懸念があり、一方マンガン酸リチウムは原材料が豊富で安価に入手できる期待はあるものの容量が他の二つの活物質に比べて2〜3割落ちること、および高温における劣化が比較的顕著であることなどからいずれも当時はまだ実用化には至っていなかった。
　Moli Energy (1990) としては、開発の中心をコバルト酸リチウムに置きながらも、ニッケル酸リチウム系およびマンガン酸リチウム系材料の検討も並行して行うこととした。
　実は、コバルト酸リチウムを正極材とするリチウムイオン電池に関しては、基本特許が既に成立していた。特許権者はイギリスの原子力開発公社（Atomic Energy Authority：AEA）で、同公社の研究者であったGoodenoughや水島らが開発した技術であった。この特許を回避する可能性についてKlausらを中心に様々な検討を行ったが、最終的に回避は不可能との結論に達した。従ってこの特許のライセンスを取得すべきか否か、取得するとすればその

対価としてはいかほどが妥当であるかが、Moli Energy (1990)がリチウムイオン電池の事業化を決断する上での重要な鍵の一つであった。

　この知的財産権に関しては、やや複雑な権利関係が存在していた。既に事業化をスタートさせていたサニー通工は、AEAからこの特許の日本における独占的製造販売実施権、特許権が成立している世界各国における非独占的実施権を取得済みであるだけでなく、日本における独占的サブライセンス権まで取得していたのである。当時、携帯用二次電池分野では日系企業が世界シェアの7～8割を握っていたので、恐らく、将来の携帯機器向け電池の期待の星とも言えるリチウムイオン電池の分野で直接的なライバルになり得る日系電池メーカーの参入を阻止、またはこれら将来のライバルメーカーに対して優越的な立場を維持するためのサニー通工としての特許権戦略だったものと思われた。

　1993年春、リチウムイオン電池の開発、商品化に一定の目途が立ったため、Moli Energy (1990)としてもこの知的財産権のライセンス取得を目的とした活動を開始することにした。Moli Energy (1990)単独では知的財産権のライセンス交渉を実施するだけの人材も経験も不足していた。このため、交渉に当たっては親会社、特に知的財産権交渉の経験が深い日邦電気の知財部門と緊密な連携をとり、その指導を受けながら交渉を進める必要があり、交渉の直接担当をBorisと親会社との連絡窓口としての私（Vic）とが担うことになった。

　ライセンス交渉をAEAと行うのかそれともサニー通工と行うのかが、まず決定すべき課題であった。Moli Energy (1990)はカナダ籍の会社ではあるが、製品の主要市場は日本である可能性が高いこと、将来的には日本にも生産基地を置く可能性が否定できないこと、また日本における独占的サブライセンス権を有するサ

ニー通工と日邦電気とは様々な分野で協力関係があり、良好な会社関係が維持されていることなどを考慮すると、サニー通工からライセンスを取得するのが得策ではないかという考えもあり得た。

しかし、我々はこの知的財産権の本来の所有者であるAEAとの直接交渉という道を選択した。AEAとサニー通工とが締結している契約の内容はつまびらかではないものの、我々の判断では契約内容に疑義があり、その点を突くことによって場合によってはほぼサニー通工が取得したのに近い権利を取得することも可能ではないかと考えられたからであった。

まだ肌寒さの残る1993年4月、Boris、Vic、それに介添役として同行したTad（Michiの後任）の3人はオックスフォードから車で30〜40分ほどの場所にあるAEA本社を訪問した。道すがら、原子力発電所と思われる大きな煙突状の建造物を目にして、AEAの由来を改めて思い出させられた。

AEAとの交渉は、丁重な扱いではあったものの、必ずしもスムーズには進まなかった。AEA側にとっては、既に契約を交わしているサニー通工との調整も必要であったであろうし、日本の親会社を持つとは言え、小さな、先行き不透明なベンチャー企業のMoli Energy (1990)と早急にライセンス契約を締結することに必ずしも積極的ではなかったのかもしれない。一方、Moli Energy (1990)としても、交渉内容の一語一句、契約書案の一文一文について親会社の知財部門および顧問弁護士事務所であるLadner Downsのアドバイスや指示を仰ぐ必要があり、時間のかかる、根気の要る交渉経過であった。数回に及ぶAEA訪問と半年以上の時間とを費やして、交渉はようやく終結し、ライセンス契約書の締結が行われた。カナダにおけるコバルト酸リチウムを正極材とするリチウムイオン電池の製造権、および日本を含む世界各地への販売権を得、カナダ以外の地域における製造権に関しては将来

別途協議するという内容であった。

　この知的財産権に関しては実は後日談がある。
　日本の大手エレクトロニクス企業であり電池事業でも世界的リーダーである松山電器が、サニー通工からのサブライセンス取得を嫌ったためか、何とAEAの知財部門を買収するという"事件"が起きたのである。この電撃的な買収により、サニー通工の独占的なサブライセンス権は存続するものの、松山電器はこの知的財産権の所有者となったため、コバルト酸リチウムを使用したリチウムイオン電池の製造販売権を当然保有することになった。更に、Moli Energy (1990)が製品販売の対価としてAEAに支払うべきライセンス料は、今後は松山電器に支払うようにとの通知が届いた。
　Moli Energy (1990)にとっては青天の霹靂とも言える内容であり、ライセンス先であるMoli Energy (1990)に対して、この買収劇の事前の通告が無かったことは締結済みのライセンス契約の条項に抵触するものとして、すぐさまAEAおよび松山電器に対して抗議を行った。その後、私自身がカナダからわざわざ大阪の松山電器に足を運ぶなどして協議を行った結果、慰謝的内容を含む新たな合意を得て、抗議の鉾を収めたのであった。
　この"事件"以降、それまで日本メーカーへのサブライセンス付与を渋っていたと思われるサニー通工が積極的なサブライセンス促進戦略に転換した。その結果多くの日系メーカーがコバルト酸リチウムを使用したリチウムイオン電池の製造販売権を取得するに至ったのである。

　Moli Energy (1990)そのもの、およびその日本通信との合弁会社であるAETが、日邦電気、東洋物産および日本通信にとって非常に特別な海外子会社であることについては前に触れた。そうしたこともあってか、両親会社および日本通信の経営幹部がかな

り頻繁にバンクーバーにお見えになった。我々駐在取締役の仕事の一部、しかもそのかなりの割合が、こうした訪問客の応接に費やされたことは当然であったろう。

　日邦電気だけをとっても、壮行会に出席された前川副社長、電子コンポーネントグループのトップの中村常務（黒田本社支配人の後任）、中村常務の後任の柴田常務、私の直属上司に当たる大村支配人、電子デバイス全体を統括する佐治副社長、経理部門担当の松下常務など多くの幹部の方々が多忙な時間を割いてMoli Energy (1990)を訪れて下さり、その度にそれぞれ貴重なご示唆を頂いた。

　中でも、経営企画、法務、知的財産、国内外関連会社管理などのまさに日邦電気の中枢部門を担当されている鈴村副社長は、1992年以降ほぼ毎年1回、北米出張の折に必ず最初にバンクーバーに立ち寄られた。午前11時頃にバンクーバー空港に到着される副社長を私自身が空港にお出迎えし、まずはホテルにチェックインして頂く。軽い昼食を済ませた後、ゴルフで時差の解消を図り、夕食は日本食でくつろいで頂くというのが通例となった。

　確か2度目のご来訪の折であった。
「今夜は千代田で一緒に飯を食べよう、とJALのキャビンアテンダントのお嬢さんたちと約束したんだよ！」

　私の顔を見たとたんに、副社長が嬉しそうにそう告げられた。千代田はキャビンアテンダントの皆さんにとっても人気の日本食レストランだったのである。しかし、副社長のご希望は残念ながら叶えられなかった。その日は日曜日で、千代田はお休みだったのである。それはともかく、鈴村副社長には多くの幹部の方々の中でもとりわけ気さくにお付き合いを頂き、どんなことでも気後れすること無く相談ができて、本当に有り難かった。

　私をカナダに送り出された黒田元本社支配人はその後関西日邦電気会長の職に就いておられたが、関西日邦電気が後にリチウム

イオン電池の自動製造ラインを製造して頂くことになる日邦機械の親会社であるなどの縁もあって、バンクーバーにおいで頂ける機会が訪れた。ささやかな恩返しの思いであった。

　日邦電気支配人からデバイスの特約販売店佐島電機の専務に転じられた谷本さんは、直接の商取引は無いのに3度もバンクーバーにお見えになり、その度に夕食をごちそうになった。そのご縁が、後に女子大生の就職難で苦戦していた尚子を佐島電機で採用して頂けるという幸運な結果にも繋がった。

　電子機械工業会のマーケティング研究会メンバーとの再会もあった。マーケティング研究会の北米調査団の打上げ会兼懇親ゴルフ会が、バンクーバーから100キロほど離れたアメリカとの国境の向かい側に位置する"セミ・ア・モ"というゴルフ・コースで行われる、というご連絡を頂き、その打上げ会をバンクーバーで開催させて頂くことにした。私自身はゴルフには参加できなかったものの、夕食会を和食レストランの"嵯峨野"に、二次会を例の東京ラウンジに設定して、旧知のメンバーとの数年ぶりの懇親を楽しむことができた。

　バンクーバーがカナダの西の玄関口であり、それ自体が有数の観光地であることもあって、親戚、友人、同僚、部下、そしてそのまた知人など、個人的な来客も枚挙にいとまが無いほどであった。それぞれに様々なエピソードや思い出を残してくれたのだが、ここでは最も印象に残る一例についてのみ記しておこうと思う。

　電子コンポーネント販売事業部計画部長時代の部下に、皆から"姫"と呼ばれていた女性がいた。美女で、もちろん仕事もでき、通常業務に加えて黒田本社支配人の秘書業務も担ってもらっていたのだが、性格はかなりマイペースで、人がどう思おうとほとんど気にしないところがあり、いかにも姫の呼び名にふさわしい女性だった。その姫がやがて結婚し、ご主人岩淵氏のMBA研修に

帯同してアメリカの五大湖近くの小さな街に滞在していた。

　姫ご夫妻が夏休みの休暇中に、この五大湖近くの街から、カナディアン・ロッキーを超えてバンクーバーまで約6000キロもの道のりを車で走破して訪ねてきてくれ、1週間ほど私のアパートに滞在した。平日の日中は彼らの自由行動に任せ、私は通常通りの勤務をして過ごしたのだが、夜は当然ながらどこかのレストランで一緒に食事。食事代はこれまた当然ながら全て私持ち。そんな訳で彼らは、ホテル代無料、3食昼寝（？）付きで、観光費用や個人的な買い物を除けば一切経費がかからない1週間の"バンクーバーの休日"を満喫し、大満足でアメリカに戻って行った。

　彼らが出立した日の夜アパートに戻ってみると、冷蔵庫はきれいに空になっており、私は慌ててショッピング・モールに食材の調達に走らざるを得なかった。彼らの帰宅後の報告によると、バンクーバーを離れる際に、富士屋に立ち寄って、日本の食材を車一杯買い込んで帰ったそうである。彼らの住む街では、日本食材はほとんど手に入らないとのことであった。

　彼らはその翌年もまた訪ねてきて、前年同様また1週間の滞在を楽しんで帰った。

　その年の冬には、今度は友人たち数人とウィスラーへスキーに向かう途中でバンクーバーに立ち寄った。さすがにその際は私のアパートには泊まらず、中華料理の麒麟シーフード・レストランで、"海老の酒蒸し"や"渡り蟹の黒胡椒ソース"などのバンクーバーの定番料理を堪能し、ホテルで1泊後、翌朝ウィスラーに向かった。

　その週末には、私もウィスラーを訪ねて彼ら一行に合流した。姫のご主人はかなりのスポーツマンでスキーの上級者。姫自身も中級コースをほぼ私と並走する腕前の持ち主で、楽しい1日となった。

第13章 円筒型リチウムイオン電池量産体制整備(1)

　Moli Energy (1990)におけるリチウムイオン電池の量産に関して、少なくとも製品開発面およびそれに関わる知的財産権問題に一定の目途が立ったため、いよいよ量産に向けた体制整備の第一歩を踏み出すことになった。量産体制整備のためには、当然のことながらまずは新事業計画の立案および親会社による承認、それに伴うフロア、設備、動力、および人的諸資源の整備、加えて資材調達、製品物流、ならびに販売体制などの整備が必要である。

　これらの企画立案を、わずかに残ったカナダ人従業員に任せることは全く無理であった。残っている技術系従業員の大半が研究開発要員だったことがその理由の一つ。そして二つ目は、わずか数名の製造技術系または設備技術系の従業員には、プラントの企画設計や電子デバイスの量産設備設計などの経験が乏しく、もちろん設備調達コストなどについてもほとんど知識を持っていなかったからである。

　やむを得ず、組織体制とは無関係に私がこの業務を統括することにした。一方の親会社である東洋物産は、技術および製造に関わる事項は日邦電気に任せると割り切っていたようであり、Borisを始めとするローカル従業員は為す術の無い状況であったために、さしたる抵抗も無くこのような業務の進め方がまかり通ったと言えよう。

　実は私自身は、日邦電気入社後10年弱を電子部品の製造設備設計・調達技術者として過ごした経験があった。その後これらの電子部品のセールスエンジニアとして海外、特にヨーロッパを飛び回る日々を数年過ごし、更にその後これら電子部品のマーケティ

ング部門に転じて販売計画や事業計画の立案、遂行に関わるという経験を積んできていた。こうした様々な経験から、曲がりなりにも自動化設備計画のポイントを理解し、下手なりに英語が使え、最低限の事業計画や基礎的な経理知識を持ち合わせていたのがこの時役に立ったと言える。黒田本社支配人が私をカナダに送り出す折に、「この事業は先がどうなるか全く分からない。そんな所に放り出せる奴はお前しかいない！」と言って下さったことが脳裏をよぎり、"よしやってやろう"と改めて奮い立ったのも事実であった。

　ただ、私には大きな弱点があった。私は臨機応変に物事を処理する能力には比較的長けていると自負しているものの、とことん物事の本質を突き詰めて、最も正しいと思われる結論を引き出すという、技術者または開発者として必要な能力を全くと言っていいほど備えていなかったのである。
　仮に私が、重要な技術問題の最終的な判断をするとしたら、間違った判断を下す確率が極めて高く、恐らくその事業は失敗するであろう。この面での自身の能力の欠如および性格の弱さについて確信に近い自己評価をしていた私にとっては、この最大の弱点を補ってくれる補助者が絶対的に必要であった。それは、Borisにも、またはKlausにも求めることはできないものであった。日本人ではない、あるいは経験が無いという以上に、彼らもまた、私に類似した甘さを多分に備えた、言わば好人物だったからである。

　私の頭の中には、以前から、仮に事業化のステップに進む場合は絶対にこの人の力を借りようと考えていた一人の人物がいた。後にKeiというファーストネームで呼ばれることになる薗田というこの人物とは、以前に、フェライト・コア・メモリーの後継として期待されていたワイヤー・メモリーという製品のソ連への輸

出プロジェクトで、短期間仕事を共にしたことがあった。歳は一つ下。しかし彼は博士号取得後の入社であったため入社年次は随分後であった。初めて彼に会ったのは彼が入社したての頃だったのだが、その折に彼からかなり大言壮語を聞かされ、"新人のくせに随分態度の大きい奴だな"と思ったのが最初の印象であった。

　しかし、その表面的な態度とは裏腹に、プロジェクト活動中に見聞きした、緻密、慎重、かつ非常に論理的な彼の仕事ぶりに一目置かざるを得なかった。その後、このプロジェクト遂行途中で、私が急遽プリント基板のセールスエンジニアに、更にその後マーケティング部門に転じたこともあって、彼と仕事を共にする機会は無かったのだが、"技術の責任者を任せられるのは彼だけ"という思いがずっと残っていたのである。「何とか薗田さんをください」という1年越しの依頼がようやく実って、当時日邦電気富山の技術部長という要職にあった彼のMoli Energy (1990)への異動が決まった。

　若干蛇足になるが、以前から異動を懇願していた人物がもう一人いた。Keiを私の右腕とすれば、親会社の特に社内ルールがうるさい日邦電気に提出すべき事業計画、年度予算、ならびに月次および年次の経理実績などの諸資料を作成するため、左腕の役割を担ってくれる企画・経理マンとしてMoli Energy (1990)への出向をお願いしていた北村 (Pei) である。これも以前から目星をつけて再三出向をお願いしていたのであったが、私の在任中はその赴任は許されず、結局私の帰任と入れ替わりに彼が赴任することになった。このため、在任中の親会社への提出資料は経理報告なども含めて全て私が手作りせざるを得なかった。

　このようにして、新会社になって4年目となる1993年初夏から、Moli Energy (1990)には再び活気が戻ってきた。リチウムイオン電池事業を本格的に行うための事業計画の承認、およびこの事業

計画を推進する上での、建屋の増床や設備投資資金、従業員再雇用などの運転資金に充てるための総額100億円近い増資計画に対する親会社の承認も無事得られた。

　生産計画は、まず円筒型リチウムイオン電池月産30万個の量産試作ラインを設け、1994年央の生産開始を目指す。次いでこの量産試作ラインの問題点を摘出、これを改良した上で、1995年には月産40万個の本格量産ラインを3ライン増設し、試作ラインと併せて合計月産150万個という体制を敷き、当時ニッケル水素電池からリチウムイオン電池への転換が始まりつつあったノートPC市場への参入を目指そうとするものであった。

　この計画に基づき、既存の工場建屋と背中合わせにほぼ同規模の建屋を増築、概ね日本武道館の面積に匹敵する1万平方メートルを超える大きなフロアを確保することにした。量産試作ラインは既存のドライルーム内に収めるものの、本格量産ライン3ラインを収容するだけでなく、将来の更なる増設も考慮に入れた大規模なドライルームを新建屋内に設けることとした。工場の空調環境も全面的に見直して塵埃対策を強化、電池性能の生命線とも言える電極製造用フロアのレイアウトを含めた大幅な製造環境の改善も実施した。

　1993年夏から、導入する設備の具体的な検討に入った。既にMoli Energy (1990)の中でも、設備設計・調達に携わる要員の増募を行い、一方日邦電気の中でも、この新規設備調達を支援するための人材を、支援組織である電池事業推進室内に数名確保して頂いた。自動化設備は、当然のことながらリチウムイオン電池だけでなく電子デバイス全般の量産加工設備に対して広範な実績を誇る日本企業からの調達が中心となるため、こうした業者との日常的な連絡調整業務を日本側で分担して頂く必要があったのである。

間もなく、何社かの日本の設備メーカーとの接触が始まった。その中にはこれ以降長いお付き合いとなった、コーティング装置大手のヤマトテクシード、ワインダー分野で多くの実績を持つ皆川製作所などが含まれていたが、それに加えて半導体の加工機の専業メーカーと言える日邦機械に自動組立ラインの製造をお願いすることになった。日邦機械は当時黒田元本社支配人が会長を務められている関西日邦電気の子会社であったため、日邦電気本社役員からの直接の要請に応じて、全く分野違いの電池自動製造ラインの開発に取り組んで頂くことになったのである。当時日邦機械の技術部長であった高城氏（その後日邦機械代表取締役社長）が、打合せのため単身で早速バンクーバーに駆けつけてこられた。

 Moli Energy (1990)のリチウムイオン電池事業参入の噂が流れたためか、資材メーカーの技術者や幹部の頻繁なバンクーバー訪問も始まった。正極材料メーカーの関東化学工業や東洋化学、負極材料メーカーの関西ガス、電解液の防府興産、集電体用銅箔大手の東海製箔などの各社と逐次お付き合いが始まり、具体的な製品仕様の詰めも順調に進められた。

 ただ、製品仕様の点では一つ重要な決定事項があった。製造する電池のサイズである。

 元々円筒型電池は、D型（日本呼称：単1）、C型（同：単2）およびAA型（同：単3）などと呼称される欧米のインチサイズを基本とした規格に基づいて製造されており、ノートPC用には17650（17φ×65ミリ）というサイズのニッケル水素電池が標準的に使用されていた。Moli Energy (1990)もこのサイズの製品の量産を予定していたが、問題は先行するサニー通工が18650というやや太い直径の特殊サイズのリチウムイオン電池を量産し、自社のカムコーダーに採用するだけでなく、ノートPC分野への拡

販を積極的に進めていたことにあった。サニー通工がこの特殊サイズの電池を開発したのは、カムコーダーの駆動時間を確保するための最低限の容量、最低限のサイズという言わば苦肉の策だったのだが、既にそれがデファクト・スタンダードになりつつあった。

　Moli Energy (1990)の社内だけでなく日本モリエナジー（NME）の関係者などとも議論を重ねた結果、Moli Energy (1990)としても18650サイズを採用するのが賢明であろうとの結論に達し、既に手配済みだった円筒缶や組立工程全体の関連治工具のサイズ変更を余儀なくされるといったハプニングもあった。

　連れだって松茸狩りに出かけたのは、そんな忙しく充実した日々のとある週末のことだった。ガイド兼指南役を申し出て下さったのは日頃懇意にしている長崎屋のご主人とダウンタウンの浪速屋という和風居酒屋の板前の福島さん。同行したのはToby、Key、Vicほか2名。晩夏の空はその日もすっきり晴れ渡っていた。

　BC州は松茸の産地で、バンクーバー周辺にも松茸山はあるのだが、これらの山は権益を取得した業者によって立ち入りが厳しく制限されている。そこで採れた松茸は日本に輸出されたり、地元のレストランやみやげ物屋に出回ったりする。従って松茸狩りを目指す一般人はこうした規制の無いかなり遠くの山まで出向かなければならない。我々も朝6時にバンクーバーを出発し、馴染みのウィスラーやその先のペンバートンといった街を通り過ぎ、未舗装の山道に入り、4時間ほどの長距離ドライブの末にようやく目的の山に到着した。

　山の中は、日本の松とはやや趣が異なる、しかし一応松らしい大木が点在しており、足元の藪はさして生い茂っておらず、明るい感じで割合に歩きやすい。お互いにあまり遠くに分け入らないように声を掛け合いながら気の向くままに松茸探しを開始した。私は山国育ちで、子供の頃に父に連れられてしばしばワラビ狩り

やきのこ採りに出かけた体験があったので、勘所が体のどこかに残っていたのかもしれない。しばらくすると傘の直径が20センチほどもあるやや白みがかった大きな松茸を見つけたのを皮切りに、2時間ほどの間に大小合わせて9本の収穫があった。

　各人の成果は、達人の福島さんが50本ほど、長崎屋のご主人が20本強だったのに、連れてきて頂いた我々の仲間は、私の9本を除くと、Keyが1本見つけただけで後の3人は1本も見つけられなかった。

　用意して頂いた弁当とビールの昼食を済ませて、1時過ぎに帰路に就いた。松茸山から1時間ほどの場所に温泉があるとのことで、休憩を兼ねて立ち寄ってみた。トイレを備えた木造の更衣小屋の傍らに、周りを石組みにした幅10メートル、長さ20メートルほどのプールのような浴槽があり、そこにこんこんとお湯が溢れ、10名ほどの人々がのんびりと入浴を楽しんでいた。女性はさすがに水着を着用していたが、男性や子供たちは素っ裸。浴槽に手を入れてみるとお湯の温度はまさに日本の温泉並み。タオルを持って来なかったので入浴は諦めたが、いつかまた来たいなと思う場所であった。

　アパートに戻って、その夜は久しぶりに焼き松茸や松茸ごはんを堪能した。

第14章 円筒型リチウムイオン電池量産体制整備(2)

　量産設備の基本構想が概ねまとまったため、それぞれの設備メーカーとの具体的な打合せを開始した。当初は、各設備メーカーの担当責任者および設計担当者がMoli Energy (1990)を訪れて打合せを行ったが、ある程度設計図が描き上がった段階からは、Moli Energy (1990)の担当者が日本に出張して設備メーカーの工場で打合せを行うことが多くなった。
　こうした折に、都合がつく限り私も担当者の日本出張に同行した。もちろん日本に帰りたいがための同行ではなかった。元々私は少なくとも3〜4カ月に1度は日本に戻り、日邦電気の経営幹部や関係者への状況説明、事業計画や資金繰りの承認を得るなどのために短くても1週間、時には1カ月も日本に滞在するのを常としていたため、日本は必ずしも遠い国ではなかった。私が技術者たちの打合せに同行した主な理由は、Moli Energy (1990)の技術者と設備メーカーの技術者との打合せの席で、通訳、解説者（教師）、および調整者の三つの役割を担うためであった。
　以前にも触れたが、Moli Energy (1990)の技術者は実際に複雑な自動化設備の設計に携わった経験がほとんど無い。加えて、カナダ、特にその中でもバンクーバーは、元々鉱業、水産業およびこれらの流通業（商業）の中心地であり、更にはカナダでも有数の観光地である。先進国ではあっても、製造インフラと言えそうな環境は極めて乏しく、そこに生活する人々の思考の中にも物造りに必要な知識、感覚はほとんど無いといってよかった。
　具体的な例を挙げると、知的には極めて優秀な技術者であっても、1台の自動化設備を設計、部材加工、組立、調整、稼働を行

う上で必要な寸法公差の概念が全く身に付いていないのである。彼らが設計する設備の図面上にはそれでも一応公差の数値は記載されている。しかし、まずは部材加工の段階で、どのような加工方法をとればその部材の仕上がり公差がどの範囲に収まるのかという知見が無い。超精密加工を要求すればそのために加工コストがどれだけ上昇し、納期がどれだけ遅延するかといったことに対する理解が全く無い。設備メーカーの技術者は、経験上、設備に必要な加工公差を確保するためにはどの部材加工方法を採用するのがコストパフォーマンスの観点で最も合理的であるかが身に付いている。これに対してMoli Energy (1990)の技術者は、設備メーカーとの打合せの席でも建て前論に終始するだけで、現実に部材を組み合わせて所望の機能の設備が組み上がるかどうかということに対する理解力がかなり乏しいことを露呈してしまった。

　私の役割は、Moli Energy (1990)の技術者と設備メーカーの技術者との間の、文字通りのインタープリーター（単なる通訳ではなくむしろ解説者）であった。一つひとつを嚙んで含めるように、時には図を描きながら説明して、どうやら共通の理解（と思われる）レベルに至るプロセスの連続であった。そのため、
「Vicはメーカー側の立場に立ちすぎる」
「どうもメーカーのまわし者のようだ」
と不満顔を見せるMoli Energy (1990)の技術者も多かったが、私自身は知らぬふりで、嫌われ役に徹していた。

　1993年秋から翌春にかけて、このように時間のかかるプロセスを経ながらも、何度かの日本出張およびメーカーの技術者のカナダ訪問、ならびに設備メーカーでの立会検査も無事終了し、量産試作ラインがようやく春たけなわのバンクーバー港に到着した。
　スラリーミキサーや電極コンプレッサーなど、北米地区のメーカーに発注した機械も陸路で次々に搬入され、Moli Energy (1990)

の誇る自社製充放電検査機も設置が開始されるなど、1994年の春から初夏にかけてはMoli Energy (1990)の工場内はまさにごった返すという形容がぴったりの活況を呈した。

　ヤマトテクシード、皆川製作所、そして日邦機械などの日本メーカーからは、設備設置、調整、立会検査、引渡し迄を担当するため、各社ともに数名〜十名ほどの技術者および技能者が長期出張で滞在し、Moli Energy (1990)周辺のモーテルはこれらの出張者でほぼ借り切りといった状況が現出した。

　日本国内の工場における設備設置工事の場合は、工事関係者の入退場管理および現場での詳細打合せ、動力供給および安全管理などを除き、発注者側が直接に関わることはほとんど無いのだが、慣れない海外での工事であり、ましてMoli Energy (1990)の工場がバンクーバー近郊とはいえレストランやスーパーマーケットなどの生活関連施設が極めて貧弱な田舎に立地しているため、出張で来訪されている方々の生活面のサポートを我々駐在員が手分けをして行った。

　日本ではポピュラーなコンビニなども近くにはほとんど無く、仮に類似のものがあってもごく小さな店であるため、わずかにサンドイッチとジャンクフード位しか置いていない。従って昼食一つをとっても、車でどこかのレストランに出向く必要があった。メープルリッジというMoli Energy (1990)が立地する街周辺にある日本食レストランは長崎屋を含めてわずか2軒。それも大きな店ではないので、全員が同じ店に入ることなど思いもよらない。そこで、この日本食レストランの他に、中華レストラン、ファミリーレストラン、イタリアン、アジア系料理、更にはゴルフ場に併設されたレストランなどをグループごとに適宜選択して廻り歩くといった日々であった。夕食についても、同様に必ず日本人駐在員が同行した。また、週に一度の休日となる日曜日は、バンクーバーのダウンタウンや近郊の観光名所の案内、また希望者とは近

くのゴルフ場でのラウンドなど、出張者の気晴らしとなるイベントを企画・実行した。

　こうした様々なサポートは、駐在員にとっては多少負担になるものではあったが、一方では、設備メーカーの出張者とのコミュニケーションの維持・強化という点で非常に役に立った。こうしたこともあって、設備設置工事は大きな問題も無くスムーズに進行した。

　1994年6月末までにほとんどの設備の設置工事が完了し、引き続き試運転、試作の段階に移行した。
　この段階では、スラリーミキシング、正負極電極コーティング・乾燥・押圧・切断、ジェリーロールワインディング、ジェリーロールの円筒缶への挿入・電極溶接・電解液注入・キャップ封止、初期充電、放置、特性検査、アブユース・テスト、最終出荷検査までの一連の工程を連続して行い、それぞれの工程ごとに設備の問題点を洗い出して改善するとともに、前後工程間で受け渡される中間製品についての問題点の有無、あった場合の原因究明と対策処置を逐次行い、最終的に製品が所望の性能・信頼性・安全性を発揮することを確認するに至るまでの試行錯誤が繰り返される。これは慎重さと根気と思考力とが必要な極めて重要なプロセスである。

　この最終調整の段階で発生した幾つかの問題点の中で、Moli Energy (1990)が最も解決に苦労したのは組立工程中の封止のプロセスであった。これはジェリーロールを円筒缶内に収め、正負極リードをそれぞれキャップと円筒缶に溶接し、電解液を注入した後に、キャップを円筒缶に圧着させて内部の電解液が使用中に漏れ出さないようにする封止工程で、一般にクリンプという機械的な成形工法がとられる。クリンプと呼ばれるこの加工方法は、缶

詰や飲料缶などに広く使用されており、電池業界でも多量に生産されている円筒型乾電池に採用されている極めてポピュラーな加工方法であったが、Moli Energy (1990)はもちろんのこと、設備を担当した日邦機械も、そして技術を支援する立場の日邦電気も、過去にこの加工方法を採用した経験が無かったために、クリンプの勘所が分かっていなかったのである。本来であればキャップの縁部が円筒缶壁に波型状に滑らかに密着し、機械的強度を維持するとともに、極めて高い水密性が確保できるはずであるのに、Moli Energy (1990)の試作品はキャップの縁部が浮き上がり、断面写真を撮ってみるとクリンプ部は滑らかな曲面ではなく"くの字"状に折れ曲がり、ひどいものは円筒缶壁に亀裂が生じている。当然機械的強度も密封性も極めて貧弱なものであった。

　これを改善するためには、製品の設計寸法の変更、缶およびキャップの材料厚および組成の変更、加工治具の形状および硬度の変更、自動機の加工手順の変更など様々な加工要素の修正および製品再試作が必要であり、何とかこの問題を解決するまでに2カ月以上も要してしまった。このような苦労と苦心とを経て問題解決したにもかかわらず、この問題は後日また顕在化することになる。

　バンクーバーに早い秋が訪れる頃、諸設備の最終立会検査が完了し、Moli Energy (1990)のリチウムイオン電池試作第一号がようやく陽の目を見る日を迎えた。

第15章 円筒型リチウムイオン電池量産体制整備(3)

　Moli Energy (1990)における円筒型リチウムイオン電池の量産試作が開始された。
　当面は社内評価用として週に2日程度ラインを稼働させ、製品の品質ばらつき、信頼性、安全性などを多量のサンプルを使用して評価した。評価項目には様々なものがあるが、例えば、①初期充電後のセルを高温環境下に3週間放置し、この間の自己放電量（電圧降下量）を測定し、一定レベルでスクリーニングするとともに、ロットごとの自己放電量のばらつきを統計的に把握する評価、②常温、高温、低温環境下で様々な条件のもとで充放電サイクルを繰り返し、サイクル特性データを蓄積する試験、③セルの釘差し、圧壊、落下、高温放置、燃焼、過放電、過充電などを含むいわゆるアブユース・テストなどがその代表的なものであった。もちろん、量産試作の途中でも、様々な生産上のトラブルが発生するため、その原因究明、製品仕様の見直しや設備改善を含む対策の検討と実施などで、忙しいけれど充実した日々が続いた。

　ところで、評価項目の一つに外観検査があり、これに関連していかにもカナダらしいエピソードがあるのでここで紹介しておきたい。
　外観検査で発見される不良項目には、前述のクリンプ部のかしめ不良や缶ケースのへこみや変形など電池の性能や信頼性に大きく影響する重大な品質不良項目ももちろんあるのだが、その発生率は極めて低い。むしろ外観不良で落とされるものは、缶や電極部の擦り傷や変色、捺印された品名やロット番号の印刷不良など

の一見マイナーと思われる不良であり、Moli Energy (1990) のローカル従業員たちはこれらを"Cosmetic Failure（お化粧崩れ）"と呼んでほとんど問題にもしていなかった。「性能上問題が無いのだから、不良で落とすのは"もったいなく"収率改善のためにも極力救済すべきだ」というのが彼らの意見であった。

ところが、日本の客先での受入検査ではこのCosmetic Failureが大きな問題になるのである。缶表面の小さな擦り傷は自動組立ラインの調整不良または工程中での作業者の乱暴な取り扱いや取り落としなどがその原因として疑われる。表面上の汚れは電解液漏出が疑われる他に、やはり工程上に何らかの問題がある可能性がある。捺印不良も設備と作業管理上の何らかの問題の存在を示唆している。従ってこれらの外観不良が多発することは工程が正しく管理されていないことの明確な証拠であり、受入検査の最低許容水準（例えば100万分の1個未満）を満足しない納入ロットは"ロットアウト"として受け取りを拒否されるのである。

Cosmetic Failureが重大な品質事故を見つけ出すのに役立つ重要な指標であることをカナダ人従業員、中でも品質管理マネージャーであるLarry Lechinerに理解させるのが一苦労であった。口でいくら説明してもその重要さについてまではなかなか理解できない。最後には、「日本市場に入るのにはこの検査を厳しく行うことは必須だ」と押し付け気味に納得させるしか無かった。渋々ながらLarryも限度見本の作成や作業員の"目合わせ（検査者ごとの良否判定水準のばらつき防止）"などの外観検査の体制整備を進めたのであった。

量産試作の段階に入ったこともあって、親会社からの人員の補強も少しずつ進んだ。

日邦電気からは、技術責任者であるKeiの仕事のサポーターとしてSam（宮市）が、また量産設備導入の責任者としてTak (U)（内

第15章　円筒型リチウムイオン電池量産体制整備(3)

山）が相次いで赴任、加えて数名の長期出張ベースの応援者が派遣された。

　一方東洋物産からも、関連会社の技術者であるArnold（真壁）がプロセス担当技術者として着任した。このArnoldは積極的かつユニークな人材で、Moli Energy (1990)のプロパーと日本人出向・出張者との仲立ちとして実に得がたい人物であった。一例を挙げると、彼が主導してMoli Energy (1990)社内で"餅つき大会"を企画・実施した。何と臼と杵はプロパーの保守作業者に機工現場の旋盤などを使用して自作させたのであった。こうして迎えた餅つきの当日、日本人とローカル社員が交互に杵をとって餅つきに参加し、大いに盛り上がった。つき上がった餅には、出向者の奥様たちの手によって、手際よく小豆あん、きな粉、大根おろし、それに納豆などがからめられた。あんこ餅は好評だったが、さすがに納豆餅はローカル社員には敬遠された。つき終わったら何と自作の臼が割れてしまうというハプニングもあり、大笑いの楽しいひと時であった。

　そして、人員補強の最大の目玉は、サニー通工でリチウムイオン電池を立ち上げた責任者の一人であったTom (N)（永峰）がサニー通工を早期退職し、Moli Energy (1990)のコンサルタントとして駐在したことであった。Tom (N)の存在はKeiやKlaus、その他のローカル社員たちとの確執という問題も生じさせたが、その実務体験に基づくアドバイスは、経験の無いMoli Energy (1990)にとっては大いに役立った。

　量産試作を継続する一方、試作製品の販路開拓も同時に進められた。

　元々東洋物産が日本モリセルという販売子会社を設立しており、旧Moli Energyの金属リチウム電池の日本および東南アジア市場向け販売を担当していた。1990年のMoli Energy (1990)設立時に

日本モリセルの社名は日本モリエナジー（NME）に改称され、1994年当時はこのNMEを改組し、東洋物産と日邦電気とがMoli Energy (1990)とほぼ同じ出資比率を持つ会社となっていた。Moli Energy (1990)にとっては兄弟会社の関係であった。NMEには数名の技術者も在籍しており、電池パックの設計、試作および評価が可能な体制も整えられていた。そのリーダーは奥村氏 (Tad (O))で、彼もサニー通工からの転職者であったが、その豊富な人脈とチャレンジ精神旺盛な活動力で、Moli/NMEの販路拡大のための貢献者の一人となった。また、台湾の日邦電気のデバイス販売オフィス内の一画を借りて、NMEの台湾オフィスを設け、以前バンクーバーに駐在していたMichiなど数名が台湾に駐在し、客先開拓に当たった。

　Moli Energy (1990)の試作電池は、早速このNMEを通して様々なユーザーにサンプルとして提供された。サンプル提供先は、ノートPCメーカーに対象を絞り、日本メーカーとして日邦電気と竹芝電気、それに台湾のEMSメーカーで日邦電気の半導体などの他のデバイスの大手顧客でもあったQUANTA、COMPAL、ARIMAといった企業に提供され、各社に採用を強く働きかけた。

　量産試作の継続、販売活動開始の一方で、量産試作設備の問題点を洗い出し、本格量産設備の仕様を固め、その手配を行う活動もTak (U)をリーダーとして同時並行的に進められた。

第16章　スピネルマンガン正極材

　このようにして、Moli Energy (1990) の量産体制整備を進める一方で、日本に量産工場を設けるか否かの検討も進められていた。
　Moli Energy (1990) 製品の当面のターゲット市場は日本中心となることが明らかだったことから、やはり日本に生産拠点を置きたい。Moli Energy (1990) の事業に関わり始めて数年が経ち、カナダに生産基地を置くことの弱点がますます明確になってきてもいた。一方、親会社はその日本国内に立地する子会社または関連会社にかなりの遊休フロアを抱えており、これを活用したいという思惑もあった。
　こうした様々な考えから、親会社の幹部や関係者の間では既に日本に第2工場を設けることは既定路線と言える状況になっていた。工場の候補も、東洋物産側から、水俣の関係会社の工場を活用する案などが提案されたが、最終的にはタンタルキャパシターやプリント基板を生産している日邦電気富山の遊休フロアを使用することが内定した。

　ただ、日本にリチウムイオン電池生産工場を設置するための大きな障害が残っていた。以前に触れた Goodenough らのコバルト正極材を用いたリチウムイオン電池に係る基本特許の存在であった。
　曲折した交渉の末に Moli Energy (1990) が確保したライセンス条件は、カナダでの生産権、日本を含む世界各国への販売権で、一時金に加えて、売上高に応じたライセンス料を支払うという内容のものであった。この特許の残存有効期間は対象国で若干差があるものの概ね残り12年。この特許の日本における独占サブラ

イセンス権を有するサニー通工は、既にライセンス先を積極的に拡大する戦略に転換しており、改めてサニー通工から日本における製造権を取得することも可能であり、現に売り込みもあったのだが、日邦電気内、特に知的財産権部門はこの考え方には否定的であった。Moli Energy (1990)のライセンス契約は元々イギリスのAEAとの間で締結したものであったが、このAEAの特許部門は既に松山電器が買収しており、Moli Energy (1990)のライセンス料の支払先は松山電器である。一方日本産品について新たにサニー通工とライセンス契約を結ぶと、そのライセンス料はサニー通工に支払うことになり権利関係が非常に輻輳したものになってしまう。このような複雑な権利形態では、結果的にライセンス料がかなり割高になる懸念があり、それは何としても避けたい。

　この課題に対して親会社の日邦電気主導で考えついた解が、日本の工場ではマンガン正極材を用いた角型電池を生産する、というものであった。これによって、コバルトの知的財産権問題も回避でき、カナダのMoli Energy (1990)はコバルト正極材の円筒型電池を量産して主にノートPC向けとして販売、一方日本の工場ではマンガン正極材の角型電池を量産して主に携帯電話向けに販売するという住み分けも可能となる。まさに一石二鳥と言える解決策であった。Moli Energy (1990)がコバルト正極材のみに絞り込まず、マンガン正極材やニッケル正極材を使用したリチウムイオン電池の開発を続けてきたことがこれで報われ、同時にMoli Energy (1990)のローカル従業員の中にあった、結局は日本の親会社が、自分たちが努力して作り上げてきた成果を全て日本に持ち帰って、自分たちはまた路頭に迷ってしまうのではないかという懸念も払拭する効果があった。

　ただ、このスピネルマンガン系正極材にも既に成立している特

許が何件かあった。中でも、アメリカの老舗の電池会社であるEverReadyが保有する特許、および南アフリカの国有企業TechnifinがThackerayが保有するThackerayの特許の2件に対して抵触の懸念があった。この二つの特許の請求範囲は概ね異なるものの、ごく狭い範囲にオーバーラップする部分があると考えられた。ほんのわずかな差でEverReadyの特許が先に成立していた。Moli Energy (1990)のスピネルマンガン正極電池は、動作中にこの極めて狭い領域の状態に入る可能性が否定できなかったため、これらの特許に対する対応策を決定する必要があった。

　Klausを中心に理論的な解析を重ね、更に協力関係にあったサイモン・フレーザー大学のJeff Dahnや、日邦電気の研究所および知財部門などからのアドバイスを参考にしてたどり着いた結論は、EverReadyの特許はライセンスを受けるのが得策。Technifinの特許はこのEverReadyの特許およびMoli Energy (1990)自身が保有する特許によって抵触を否定することができる、というものであった。

　マンガン正極材を使用するリチウムイオン電池は、その当時は大多数の競合メーカーがほとんど興味を示しておらず、特許権者であるEverReady自体がその有用性をほとんど認識していなかったこともあって、特許交渉は比較的短期間内に円滑に行われ、ライセンス料もコバルトのそれに比べて2桁低い有利な条件でライセンス契約を締結した。

　後日、日本でマンガン正極材リチウムイオン電池の量産が開始された後に、TechnifinからMoli Energy (1990)および日邦電気に対して再三特許権侵害の警告状が届き、私（Vic）を窓口に何度か交渉が行われたが、当初シナリオ通りのスタンスでTechnifinの主張を論駁することができた。

　マンガン正極材リチウムイオン電池のもう一つの課題は、やは

り性能の問題であった。仮に全く同じ寸法・構造のリチウムイオン電池を作ったとすると、マンガン正極材の電池はコバルト正極材の電池と比較して容量がおよそ2割劣る。更に、例えば60℃程度の高温環境下では、マンガン正極材の電池は劣化が早いことが知られていた。

　ところが、Moli Energy (1990) の開発メンバーはこの時までに、マンガン正極材の低容量、早い高温劣化という弱点を正極材の組成を添加剤などによって調整することによりかなり改善できるという解を見出していたのである。加えて、スピネルマンガン正極材はコバルト正極材に比べると結晶構造が格段に強固であるため、安全性に優れるというメリットがある。これらが、マンガンでもコバルトと十分に戦える、という自信に繋がっていた。

　Moli Energy (1990) は量産という面では三流企業に過ぎなかったが、その開発力は超一流と言っても過言ではなかった。

　このようにして、マンガン系正極材を切り札とする新しい展開への第一歩が踏み出されようとしていた。

第17章 社長就任

　カナダのMoli Energy (1990)における円筒型コバルト正極材リチウムイオン電池の量産体制整備、および日本の日邦電気富山内に角型マンガン正極材リチウムイオン電池の生産基地を設ける準備作業が同時に進められていた。この日本の電池生産工場は、それまで販売会社として位置付けられていたNMEの定款を改定して、電池の開発、生産および販売を一貫して行えるようにし、NMEの1工場として設けることになった。このように事業の中での生産比重が高まり、設備投資もかなりの額に上ることから、Moli Energy (1990)およびNMEともに、新たな増資額のほぼ全てを日邦電気が負担することとした。量産体制整備後の増資完了時点で日邦電気の出資比率は両社ともにほぼ2/3となり、実質的に日邦電気が両社の経営責任を持つ体制に移行した。

　こうして、様々な経営判断がほぼ筆頭株主である日邦電気の意向で決定されるようになってきたために、旧Moli Energy時代から経営を担ってきたBorisやKlausにとっては、次第に自分たちの存在意義が薄れ、Moli Energy (1990)が居心地の悪い会社になりつつあったのであろう。彼らローカル経営陣にとっては、ベンチャー企業のストックオプションも大きなインセンティブになるはずだったが、Moli Energy (1990)はストックオプション制度を設けなかったために、これに対する期待も持ち得なかった。

　1994年晩秋、開発部門を担当していたKlausがまず辞意を表明した。故国のドイツに戻って、現地の大手電池会社にポジションを得るつもりであるとのことであった。技術マネジメントは既に

KeiとTom (N)の管掌下に移っていたこともあって、一応の慰留を試みたものの、短時日中に彼の退社を認めた。幹部だけのささやかな送別会が催された後、クリスマス休暇を目前に控えたある日にKlausは静かにMoli Energy (1990)を去った。

　Borisが辞意を伝えるため、私の部屋を訪れたのは1995年が明けたばかりの1月2日の朝であった。それまでに熟考していたのであろうか、自身の役割が既に無くなっていること、社長の後任は私が継げばMoli Energy (1990)の中では一切の異論、不満は無いであろうこと、自身は当面は浪人して次の仕事を探すつもりであること、などを淡々と語った。
　予測していたことではあったが、いざ直接伝えられるとやはり私の心は穏やかではなく、慰労の言葉もスムーズには出てこなかった。

　Tobyと私は、早速この情報を日本に伝達し、親会社に後任社長の人選方を依頼した。
　Moli Energy (1990)の中では、Borisの言葉通り私が後任を務めるのが当然だという空気が漂っており、私自身も、大役ながら任命されたら精一杯努めようという心積もりであった。東洋物産側にも大きな異論は無かったようである。むしろ異論があったのは出身元の日邦電気内であった。
　度重なる増資によって、Moli Energy (1990)の資本金は既に100億円を超えており、借金の額も多く、日本の会計基準では大会社の範疇に入る規模になっている。日邦電気の数ある子会社・関連会社の中でも最大の資本金額の会社になってしまっていた。日邦電気内における当時の私の資格が、このような大会社の社長に就任するレベルに達していないというのが、決定が長引いた理由だったようである。
　余談になるが、カナダに赴任する以前は、私の資格昇格のペー

スは比較的順調だった。課長レベルにも、部長レベルにも、同期入社の中では早い方のグループで昇格を遂げてきていた。それが、Moli Energy (1990) 赴任後全く停滞してしまい、既に5年近くを経過しているのに同一資格のまま据え置かれていた。この最大の理由は、Moli Energy (1990) の売上が零で多額の費用だけを食いつぶす業容であったため、その会社の実質的な責任者である私の業績評価が常に最低ランクであったことにある。加えて、私が本社幹部の間の知名度は高いものの、業績評価を実際に行う出身母体のグループ内では、既に浦島太郎のような忘れられた存在になってしまっていたためであろう。

2月に入って、株主（親会社）から私の社長就任を認める旨の通知が届き、ようやく新体制への移行が決定した。社内諸手続、株主間の諸手続、監督官庁や銀行などへの諸手続を済ませて、2月末にBorisは社長を退任した。多くの従業員を集めて、会社の近くの古いレストランで、ささやかにBorisの送別パーティーを催した。

BorisとKlausが退社したことによって、旧Moli Energyに繋がるローカル経営幹部は全く姿を消し、Moli Energy (1990) の事業の意思決定は全て日本の親会社と、その親会社から派遣されている3名の駐在取締役（Vic、Toby、Kei）によって行う体制となった。
業務の便宜上から、Klausが担当していた開発部門の責任者としてUlrich von Sackenを、Borisが実質的に担当していた技術および製造部門の責任者としてKen Broomを、そして従来から経理部門を担当していたBob Leaに人事総務部門も合わせて担当させ、彼らをそれぞれGeneral Managerに指名して、日常の意思決定は彼らと駐在取締役と合わせて6名の合議制で行うこととした。

社長就任に伴って、私の個人生活にも大きな変化があった。
　その第一は、妻をカナダに呼び寄せたことであった。それまでは、Moli Energy (1990) の事業の先行き不安から単身赴任を続けてきていたが、円筒型リチウムイオン電池の量産体制を整えたことによって、また自身が社長に就任したことによって、バンクーバー駐在が長引くことが予想された。家庭の事情も、幸い尚子の就職も決定し、剛も大学2年になっていたので、留守宅は二人に任せ、妻はバンクーバーに移住することにした。子供たちは、家事の分担を決めて、「責任を持って家を守るよ！」と頼もしいことを言ってくれた。
　二つ目は、住居を移したことであった。それまで住んでいたランガラ・ガーデンのタウンハウスは、空港とダウンタウンのいずれからも車で15分以内、ショッピング・モールも徒歩圏内、Moli Energy (1990) に通うのにもダウンタウンを通らずに済むため渋滞知らず。このように、生活上は極めて便利なロケーションで、住み心地にも満足していたのだが、社長就任とともに接客の必要性から私の住居が社宅扱いとなる。そのためにはいささか手狭で、建物が老朽化している点も気になった。
　当時、バンクーバーのダウンタウンには、香港の中国返還を目前に控えた余波で、香港の資産家が続々と高層マンションを建てており、資産家自身またはその家族がそこに居住して、香港脱出の際のシェルターとする風潮があった。
　そこで、このような賃貸マンションを物色し、ウォーターフロントに建設されたばかりの32階建てのマンションの31階の半フロアを借りることにした。延べ床面積約180平方メートル（約55坪）、眼下にフォールス・クリークやグランビル・アイランドが見下ろせる、前面総ガラス張りの半円形の広いリビングダイニング、それぞれにバスルームを備える3ベッドルーム、キッチンの隣には朝食やアフタヌーンティーが楽しめるヌックと呼ばれる壁

面から突出したガラス張りの小部屋が設けられている。フロアスペース内を全て巡ると東南西方向の180度を超える展望が得られ、夏にウォーターフロントで開かれる花火大会、秋のバンクーバー島上空の赤紫に染まる落日風景、クリスマスシーズンのデコレーション・クルーズ・シップなどを居ながらにして満喫することができた。

　ただ、建ったばかりのマンションは欠陥も多く、その最たるものは火災報知機の頻繁な誤作動だった。火災警報が鳴る度に、エレベーターは使えないので階段を使って31階から地上まで避難するのはまさに重労働で、時にはそれが深夜に起こることもあり、大迷惑を被った。高所恐怖症の妻にとっては必ずしも安住の地ではなかったようであった。

　1995年春にはMoli Energy (1990)の量産設備の設置、試運転も終了し、いよいよ量産が開始された。量産第一号の円筒型リチウムイオン電池は日邦電気のノートPC向けに出荷され、次いで台湾顧客向けの出荷も逐次始まった。一見順風満帆の日々であった。

　3月には東洋物産から派遣されていたTobyが帰任し大川氏がその後任として着任した。彼は、ファーストネームをつける習慣には従わず、ローカル社員にもMr. Ohkawaと呼ばせていた。

　私の社長としての対外的なお付き合いも始まった。
　夏のある日、東京銀行（現三菱東京UFJ銀行）バンクーバー支店長主催のゴルフコンペが行われ、バンクーバー総領事、大橋巨泉さん、東京銀行バンクーバー支店長、それに私の4人で1組目を回るという晴れがましい舞台もあった。Moli Energy (1990)が東京銀行バンクーバー支店の最大の融資先だったためであろう。後日、巨泉さんが当日の様子を週刊誌のコラムに掲載されたため、重ねて面映ゆさを味わうことになった。

東京ラウンジのコンペでは、巨泉さんの奥様とも同組でラウンドするという光栄に浴した。アメリカとのボーダーを超えた、アーノルド・パーマー設計の"セミ・ア・モ"というチャンピオンコースで開催されたコンペであったが、その池越えの長いショートホールで、私は3度続けて池ポチャをしてしまった。いつもの、仲間同士のラウンドのつもりで、「ギブアップします」と宣言したら、奥様から「ギブアップというルールは無いですよ」と優しくたしなめられ、赤面せざるを得なかった。結局そのショートホールの私のスコアは14を数えた。

10月には、サンノゼで開催された"Battery 95"というカンファレンスのキーノートスピーカーの一人として招待され、400〜500人に上る聴衆の前で、臆面もなく「Moli Energyは復活した！」という内容の英語のスピーチを行った。Moli Energyは北米では著名なベンチャー企業だったのである。このカンファレンスでは、キーノートスピーチだけでなくパネルディスカッションのパネラーの一人としても登壇したが、聴講者からかなりの質問が私に集中したことも、今となっては懐かしい思い出である。

11月初めには、Moli Energy (1990) の円筒電池量産開始、実質的な操業再開を祝うイベントを開催した。BC州政府幹部および周辺の地方自治体の首長、取引銀行や法律事務所などの幹部、設備および資材調達先関係者、ならびに地元メディアを招待して工場のお披露目、その後ダウンタウンのホテルに場を移してレセプションパーティーを華やかに挙行した。日本からは、日邦電気の佐治副社長（後会長）および東洋物産の菊川取締役を始め、ヤマトテクシードの中根社長、皆川製作所の皆川社長、日邦機械の山下社長など、取引先幹部にも多数ご来駕頂き大変盛大な催しとなった。豪放磊落な皆川社長が、バンクーバーのとあるみやげ物屋に置かれていたキャビアのストックを全て買い占めて帰られるという余談もあった。

このように様々なイベントが華やかに繰り広げられている裏で、実は厄介な品質問題が生じていた。日邦電気に納入した電池をノートPC用パックに組み立てる工程で、微量ながら比較的高頻度で発生する液漏れが発見されたのである。これは、量産試作段階でも一度問題となり、様々な対策を講じて何とか解決できたと考えていたのであるが、量産品でも再発してしまい、大問題となった。
　社内に緊急対策チームを急遽立ち上げ、不良品・不良ロットの漏出防止、出荷済み不良品の代替処置、根本原因の究明、対策の検討と実施といった諸活動が日夜続けられた。しかし残念ながら1995年内にこの問題の解決を果たすことはできなかった。

第18章 社長更迭(こうてつ)

　出荷済み円筒型リチウムイオン電池から高頻度の液漏れが見つかったことは、ようやく軌道に乗りかけたMoli Energy (1990)の事業にとってはその足元を揺るがす大問題であった。
　製品の在庫ロットごとに数十個のサンプルを抜き取り、高温保存、温度サイクル、振動、衝撃などの加速試験を実施した後に液漏れの目視検査および試験前後の重量差測定を行い、全ての試験に合格したロットのみを納入済み製品の代替品として日本に向け航空便で緊急出荷する。
　一方、在庫ロットから同様に無作為にサンプルを抜き取り、クリンプ部の断面写真を作成して、構造上および加工上改善すべき個所をしらみ潰しにピックアップし、具体的な対策案の立案、一つひとつの改善案ごとに実際に試作および実証試験を行いその効果を確認して量産に適用すべき実行案を絞り込んでいく。これらは、着眼力、解析力および根気の要る作業であった。
　こうした活動は、当然Moli Energy (1990)社内だけでは力不足であったため、親会社および自動組立ラインを製造した日邦機械から技術者を派遣してもらい、協働して対策に当たった。

　対策活動の費用は当然かさむため、元々脆弱(ぜいじゃく)なMoli Energy (1990)の経営状態は更に悪化することになった。毎月数稼働日以内に、前月の経理実績を親会社に報告する必要があったが、この報告書作成が私にとってはかなりの頭痛の種であった。数字の悪さももちろん頭の痛い問題ではあるが、以前にも触れたように毎月の経理報告書を作成してくれる担当者がいないために、全て私

自身が作成しなければならなかったためであった。

　このような仕事上の様々な問題を抱えながら、私と妻はバンクーバーの高層マンションで新年を迎えた。やはり多くのストレスを抱えていたのであろう、比較的豊かな黒髪を誇っていた私の髪が、わずか数カ月の間に急激に真っ白になっていった。

　ようやく日が長くなり桜が咲き始めた3月初旬に、前年のMoli Energy (1990)の生産再開セレモニーの際もおいで頂いた日邦電気の佐治副社長が再度バンクーバーにおいでになった。当時電池事業を管轄されていたのは柴田常務であり、佐治副社長は半導体などを含むデバイス部門を統括する更に上位の立場の方であった。Moli Energy (1990)にはこれまでにも多くの経営幹部がお見えになっており、私も本社幹部のご来訪の応接には慣れていたものの、この時期の佐治副社長の突然のご来訪の目的は何なのだろうかといささか疑念を持った。

　ご来着の夜、佐治副社長を囲んでMoli Energy (1990)の何人かの幹部が会食をさせて頂いた。その折に、副社長の口から「人心一新」という言葉がふと漏れた。当夜はそれ以上の具体的な話は一切無かったのであるが、私にはピンと感ずるものがあった。"そうか、私は今回の品質問題の責任を取らされて更迭されるのだ"

　佐治副社長が日本に戻られて1週間ほどたったある日、日邦電気の人事部から私宛の比較的厚い封書が届いた。"関氏の帰任について"という事務的な通知書と、帰任に伴う諸手続のための各種の書類であった。

　"やはりな"という思いと、"いささかの安堵"とを覚える一方、事業の行く末をきちんと決着させることができずにMoli Energy (1990)を去らねばならないことへの無念さが私の心を満たした。

人事からの封書が届いた翌日、直接の上司である柴田常務から帰任を指示する電話を頂いた。
「帰任時期はできるだけ早く、遅くとも7月以前には戻るように」
　私の後任の社長は当時回路部品事業部電池事業推進室が改組され独立の本部となっていた電池事業推進本部の本部長・柴山氏で、私はこの柴山氏と立場を代えて帰任することになった。

　この時期には、懸案の液漏れ問題もどうやら解決の目途が付き、具体的な対策項目も逐次実施中であった。それだけに、個人的な心境としては、後1〜2カ月我慢してもらえれば社長更迭の事態も避けられたのではないかという思いが強く、それ故により一層悔しさも募ったが、今更抗弁する術も無く、諦めざるを得なかった。

　帰任の日を6月末に定め、それまでの約3カ月は淡々と日常業務をこなすとともに、公私にわたる引き継ぎおよび引越しの準備に充てた。

　前年春からバンクーバー生活を始めていた妻は、バンクーバー市営の語学学校に通って、ようやくたどたどしくはあっても何とか英語でのコミュニケーションもでき、同じ語学学校に通う年若い韓国人や日本人の学友との交流も深まっていた。特に担任講師のHildaとは家族ぐるみのお付き合いができるほど親密にして頂いており、前年夏にはジョージア海峡のソルト島にあるHilda夫妻の別荘に夫婦でご招待頂いたりしていた。
　駐在社員の家族を集めた"社長宅"でのパーティーも何度か開催して、家族間の繋がりも高まってきているようであった。私の手ほどきで、バンクーバーにきてから始めたゴルフも、東京ラウンジの勝子ママに誘って頂き女性だけの平日ゴルフなども楽しんでいたようである。

やっと素晴らしいバンクーバー生活を満喫できるようになった矢先の夫への帰国命令は、妻にとってもさぞ残念なことであったろうと想像される。彼女の仲の良い友達グループ2組がこの3カ月の間に急遽来訪し、それぞれ1週間ほど、美しいバンクーバーの春を共に満喫できたことがせめてもの慰めであったろう。

　懸案の液漏れ問題もようやく解決し、仕事の上ではこれ以外の大きな問題も発生せず、3カ月はあっという間に過ぎていった。社長宅として借りていたマンションは、そのまま後任の柴山氏に引き継いでもらえることになった。滞在中に買った家具や電気器具なども、愛着がありせめてこれだけは日本に持ち帰ろうと思う一部を除いて、全てそのまま柴山氏に引き取ってもらうことができた。このため、引越し荷物の整理も残物処理も最小限で済み、身軽に帰国できる準備が徐々に整っていった。

　幾つかの挨拶回りや送別会、いささか僭越ながらMoli Energy (1990)のエントランス前に私費で記念樹のメープル（楓）を植樹するなど、慌ただしい出立前の行事を済ませて、妻とともに日本への機中におさまったのは1996年6月28日午後であった。空港にはMoli Energy (1990)の出向者の家族や、バンクーバーで親しくして頂いた知人の何人かが見送りに駆けつけて下さった。
　社長在任わずか1年3カ月、全期間6年に少し欠けるカナダ駐在の、まさに波乱万丈の日々が幕を閉じた。

第19章 販売チャネル再編成

　バンクーバーから帰任後の私のオフィスは日邦電気玉川事業所内に設けられていた。
　私は、日邦電気に入社後11年間を相模原事業所で過ごし、販売に転じてからの11年間は田町の日邦電気本社周辺の借りビルを幾つか転々とし、やっと竣工した本社スーパータワーに引越ししてわずか3カ月後にはバンクーバーに赴任。バンクーバーでの6年弱の波乱の日々を経て戻った玉川は、もちろん会議や報告などで何度も訪れたことはあるものの、個人的には馴染みの薄い勤務地であった。
　電池事業推進本部は、戦前に建てられた平屋建ての工場を、内装だけ手を入れてオフィスに改装した建物の一画にあった。50人ほども入れそうな広々としたスペースで、本部長である私の個室も本社の役員室よりも広い。そのフロアに勤務する電池事業推進本部の常勤者は、回路部品事業部勤務末期の私の担当業務であったタンタルキャパシターおよびプリント基板の海外販売支援業務を引き継いでくれたことのある出山課長、経理出身で電池事業の総括的な経理資料や各種会議の報告資料を作成してくれる若手の仲川君、私の秘書役のベテランの中津さん、そして私のわずか4名であった。ノートPCや携帯電話などのユーザー部門、研究所、および販売部門のキーマン10名ほどを兼務発令して本部としての体面を一応整え、彼らのための席は準備してあるものの、この人々の本務はあくまで通常の勤務先にあり、玉川に顔を出すのは月のうちほんの数えるほど。広いスペースに机だけが並べられたがらんとした眺めは何とも寒々しいものであった。

"そんな環境下で私は何をすべきなのか"

　電池事業推進本部の役割は、日邦電気内の電池事業の総括部門であり、事業方針および事業予算の立案と承認取得、傘下のMoli Energy (1990)およびNMEの事業遂行管理および日邦電気関連諸部門への報告、出向者人事案件の立案、承認手続および管理、合弁パートナーの東洋物産とのMoli Energy (1990)およびNME関連諸懸案事項の調整、ならびにこれに関する日邦電気関連部門との諸調整など多岐にわたるが、これらに要する時間はさして多いとは言えない。あり余る空き時間をいかに自分にとっても、会社にとっても実のあるものにできるかが思案のしどころであった。

　私は引き続きMoli Energy (1990)およびNMEの非常勤取締役を兼ねていたため、Moli Energy (1990)に出張したり、NMEに出向いて時間を潰したりすることは可能ではあった。しかしそれは、何ら実際的成果を生むものではないし、まして現場に働く人々にとっては親会社風を吹かせる人物が我が物顔に出入りすることは迷惑以外の何物でもなかったであろう。

　そこで考え付いたのが販売チャネルの強化であった。以前、電子コンポーネントの販売部門を取り仕切ってきたと自負していた私がMoli Energy (1990)に出向しそして帰国したのだから、過去のこの二つの経験を何とか有効に結びつけることができないだろうか。

　東洋物産との合意の上では、北米向け販売はMoli Energy (1990)が、日本を含むそれ以外の地域向けの販売はNMEが担当することになっており、かつその販売組織の主体は東洋物産からの出向者が握っていた。しかし、このMoli/NMEの販売組織は人数も少なく、エレクトロニクス業界に対してグローバルに対応できる日邦電気のデバイス販売組織と比べてあまりにも弱体であるように思われた。

商社は狩猟民族、メーカーは農耕民族としばしばたとえられる。確かに商社には優秀な人材が多いが、少数の営業マンによる一本吊りビジネスには限りがあり、最終的には組織の物量が物を言うのがデバイスの商売である。やはり体制が整った日邦電気の販売チャネルを利用しない手は無い。
　加えて、私には当時は口に出しては言えないもう一つの理由があった。それは、早晩東洋物産はこの電池事業から手を引かざるを得なくなるだろうとの読みであった。そうなった時に販売チャネルを零から再構築するのでは全く手遅れになってしまう。たとえどんなに抵抗があろうと、今のうちから将来への布石をしておく必要があるとの考えであった。

　東洋物産がMoli Energyの電池事業に関わってきたのは、旧Moli Energyのリチウム金属電池技術が非常に優れたものであると信じ、倒産した旧Moli Energyの固定資産、技術資産を安価に引き取りそれに若干の手を加えることで、将来に期待の持てる電池事業を手に入れることができると考えたためであったろう。Moli Energy (1990)の筆頭株主として比較的少額の投資で大きなキャピタルゲインを得、同時に販売権を握ることで継続的な販売手数料収入を見込んでいたからだったと思われる。
　しかしその目算は既に大幅に齟齬をきたしていた。金属リチウム電池技術は早々に諦めざるを得ず、代わりに取り組んだリチウムイオン電池事業はサニー通工や松山電器などの大手電機メーカーが既に量産体制を整えており、今後厳しい競争下に置かれることは必至であった。この事業は必然的に価格競争すなわち生産規模競争に入らざるを得ず、Moli/NMEとしても既投資分を含め少なくとも数百億円規模の設備投資を重ねざるを得ないであろう。Moli/NMEの経営の主体は既に日邦電気に移っていることでもあり、かつ入手できる販売手数料も期待値には遠く及ばず、設備投

資資金や運転資金そのものもまだ当面注入を続けなければならないことが予想された。
　このような業態の事業であっても、製造業である日邦電気にとっては将来性に何がしかの期待も持て、その主力製品である携帯機器用電池のサプライヤーを体内に持ちたいという希望もあるため、投資継続にはそれなりの合理性がある。しかし商社である東洋物産がこの事業に引き続き投資を継続するという経営判断は著しく合理性を欠くものと思われた。"近い将来、東洋物産はこの事業から必ず手を引く"。私はそれを確信していた。

　このような考えから、ほとんど私の独断で"日邦電気の販売チャネル活用の可能性検討"というよりは明白に"日邦電気の販売チャネルを活用した販売体制に移行するための糸口作り"に着手した。取り敢えずNMEの販売体制が曲がりなりにも機能し始めている日本および東南アジア市場への対応は後回しにして、Moli/NMEの既存販売体制の活動が手薄で、しかし大手携帯機器メーカーが多数存在する欧米での新販売チャネル構築を目指した。
　日邦電気の海外のデバイス販売体制は、地域ごとに統括販売会社を置き、主要都市にその傘下の子会社や支店を配置したグローバルな体制であった。まずはこれらの販売統括会社幹部との意見交換のために、私は口実を設けて一人で欧米に出張した。幸い私は販売時代の経験からアメリカおよびヨーロッパの日邦電気デバイス販売統括会社の多くのローカル幹部および日本人出向者と知己だったため、私の訪問は非常な歓待を受けた。現地販売法人にとっても、新しい、しかもかなり売上規模拡大の期待が持てる大型商品をラインナップに加えることは願っても無いことだったのである。
　日邦電気の販売チャネルを利用する件に関して現地販社幹部の内諾を得て日本に戻ってからが一苦労であった。

元々予想していたことではあったが、Moli/NMEの合同取締役会で、日邦電気の販売チャネルを活用したい旨の提案をすると、一斉に猛反発を食らった。
「なぜ事前に一言の相談も無く日邦電気内で勝手にそんな動きをするのですか」
「東洋物産と日邦電気の役割分担の約束を反故にするつもりですか」
　こう言って東洋物産出身者が反発するのは言わば当然だが、日邦電気出身のNME社長老松氏も反対派の一人であった。彼に事前に私の本意を漏らしていなかったことも一因だが、NME社内の人心掌握上、その社長としての老松氏の止むに止まれぬ判断であったのかもしれない。
　私としてはここで引き下がってしまっては何の意味も無いので、様々な機会に、
「あくまでMoli/NMEの販売力を補完するサブチャネルとして活用する」
「日邦電気販社が受注したオーダーは全て最終的にMoli/NMEの販売ルートを通す」
と根気よく説明した。
　現実には、当時は日邦電気のPC部門と2〜3の台湾顧客以外に得意先の開拓が進んでいない言わば行き詰まった状況下にあったこと、Moli Energy (1990)のローカルセールスと日邦電気のアメリカのデバイス販売会社の担当者とのコミュニケーションが円滑に進みつつあり、Moli Energy (1990)のMark Reidなどのローカルセールスメンバーが日邦電気チャネルとの協働に積極的になってくれたことなどに後押しされて、数カ月後にようやくこの販売チャネル強化案について関係者の了解を取り付けることができた。
　このチャネル強化策の成果は意外に早く現実となった。アメリカのMotorolaやドイツのSiemensなどの有名企業からの大口受注に結びつけることができたのである。

こうした販売チャネルの拡充、変更に伴って、NMEの販売組織の中核に日邦電気の販売経験者を何人か送り込むことにした。その中には、私の計画部時代の部下で、あの「我々を捨てて、関さん一人でカナダに行ってしまうのですか？　電子コンポーネント事業はどうするのですか？」と出向前の私に詰め寄った渡里課長も含まれていた。彼はNMEの海外営業部長として、その後私の大きな力になってくれた。派閥を作る懸念も無くはないものの、やはり意思疎通のしやすい仲間を増やしておきたかった。

第20章 NME富山工場・栃木工場の開設

　私がバンクーバーから戻り、玉川での勤務を始めた頃、日邦電気富山の余剰フロアを活用したNME富山工場の第一期工事は既に完工し、マンガン正極材角型リチウムイオン電池の量産が一部開始されていた。NME富山工場の技術者や作業員は、大半が従来日邦電気富山でタンタルキャパシターやプリント基板などの電子部品の製造に携わってきた人たちである。この人々は電池の経験はほとんど皆無であったにもかかわらず、さすがに日本における量産立上げはカナダでのそれに比べると格段に早く、スムーズであった。やはり、物作りに対するカルチャー、経験、そしてサポートインフラの整備状況などに、比較にならないほどのレベル差があったからであろう。

　ただ一方では、既存工場を再整備して生産ラインを配置したため、生産の流れが一貫せずかなり無駄な仕掛品の停滞や移動が避けられなかったこと、工場の天井高が低いためミキサー、コーターなどの大型設備やドライルームなどの大型構造物を無理やり押し込まざるを得ず、生産作業や保守面で多くの制約が生じてしまったことなど、日本であるが故、富山に立地するが故の問題点も幾つかあった。中でもその最たるものはドライルームの湿度管理であった。

　日邦電気富山は、新潟との県境に近い富山県北端の入善町という海辺の町にあった。気候は典型的な北陸性で、冬はどんよりとした雲に覆われる日が多く、絶え間なく湿気を含んだ寒風が吹き付ける。一方夏はかなり高温高湿の日が続き、年間を通して多湿な地であった。水分の混入が致命傷になりかねないリチウムイオ

ン電池の製造工場としては厳しい立地環境だったと言えよう。同様に海に面しているとは言え、元々気候がドライなバンクーバーとは大きく条件に差があったのである。

　ドライルーム用の除湿コンプレッサーなども、この厳しい条件を見越してMoli Energy (1990)のものより能力余裕を持たせて設けたのであるが、それでも厳寒期および梅雨から夏にかけての高温多湿期のドライルームの湿度管理にはかなり神経を使った。ドライルーム内の湿度管理だけでなく、一般空調下の作業現場であっても結露などによる品質上の問題が生じないよう、湿度は極力低いことが望ましいため、要所にビニールカーテンを設けて作業現場の空調条件の維持を図るなど様々な工夫を施した。

　他方、Moli Energy (1990)で苦労した塵埃管理の問題はNME富山工場ではほとんど生じなかった。前身が日本の電子部品製造工場であるが故に、整理、整頓、清掃の習慣が既にきちんと定着していたからであった。

　立上げ時に多少の問題は生じたものの、NME富山工場の量産体制整備は比較的順調に進み、稼働から2年目には二期工事も完了、月産200万個を超える角型電池の量産体制が整えられた。この頃には、Motololaから900ミリアンペア時の大型角型電池の100万個/月以上の受注、Siemensから600ミリアンペア時中型角型電池の50万個/月規模の受注など大口の得意先確保にも成功し、富山工場における生産は活況を呈していた。既に日邦電気富山から借用したフロアは満杯になってきたため、更なる増産のために日邦電気富山の隣接地を買い取り、そこに新棟を建設する案が俎上に上り始めた頃、日邦電気の本社サイドから全く異なる提案がもたらされた。

　日邦電気は、栃木県にも日邦電気栃木という子会社を保有して

いた。宇都宮市の南部、東北線宇都宮駅の一つ上野寄りにある雀宮駅から徒歩20分余り。一部に自然林を抱え、広いグランドを備えたゆったりした敷地内に、一見研究所風の白亜の2階建て本館がひっそりと建っている。この瀟洒な敷地・建物が日邦電気栃木であった。

　日邦電気栃木の前身は三代測器という医療機器関連の独立会社であったが、これに日邦電気が資本参加し、その後100％子会社化したため、敷地も工場も日邦電気の所有に移っていた。この医療機器関連事業は堅実に続いてはいたものの、売上規模が小さく将来に大きな発展が望めなかった。1980年代後半に日邦電気栃木は需要急増中の郵便番号読取り機の組立工場として活用されることとなり、このための新工場棟として前述の白亜の本館が建設された。しかし郵便番号読取り機の生産はその後数年でピークを越えたため、産業用パソコンの組立や、通信カラオケセットの組立といった自動化を伴わない様々な小口のアセンブリー事業を次々に取り込んだものの、いずれもはかばかしい事業進展には至らず、日邦電気栃木の経営は次第にじり貧の状況を呈しつつあった。

　この日邦電気栃木を、今後の事業拡大が期待できる電池事業の専用工場に転換させようというのが、日邦電気本社が描いたシナリオであり、日邦電気の経営幹部はほぼこの案に同意していたようであった。

　確かにこの案は日邦電気の経営判断としては望ましいものであったろう。しかし、我々電池事業の現場に関わる人間にとっては迷惑この上も無いものであった。

　第一に、富山と栃木という、遠く離れかつ連絡交通手段が必ずしも便利ではない地に別々の工場を持つことは、管理者および技術者の分散および重複をもたらす。ただでさえ乏しい人数の、経験の浅い管理者および技術者に過大な負担をかけるだけでなく、

事業運営を円滑にするためには、結果として過剰な人員を抱えなければならないことになる。

　第二に、日邦電気栃木はそもそも装置の組立を目的として建設された工場であるため、建物の構造自体が電池などの製造に向いたものとは言えず、床の耐荷重も重量のある電池製造設備を設置するためにはかなり不足していた。従って、電池製造工場に転換するため建屋自体を大幅に構造変更し、補強工事をかなり入念に行う必要があった。

　第三に、それまで日邦電気栃木に勤務していた従業員を引き継ぐ上で、NME側が必要なニーズ（職位別、職種別、勤務形態別に必要な人数、経歴、スキル等々）と日邦電気栃木の既存従業員の実態とが大幅にかい離しており、全員をそのまま引き継ぐことが不可能なことであった。このため、従業員一人ひとりについてその受入可能性を検討し、受入可能な人材については移籍後の待遇を決定し、他方受入れが難しい従業員の処遇については日邦電気栃木の関係者とすり合わせ、その人事措置を決定する必要があった。

　こうした様々な課題に対処するのには、電池事業の当時の体制はあまりにも未熟で、対応できる人材も不足していたが、本社の意向に逆らう術も無く、曲折の末にNME栃木工場がリチウムイオン電池の国内の第二量産工場として開設されることになった。

　日本国内に二つの工場を持つというこのような状況下で、NMEの人事構成も、また私自身の立場も大きく変化していった。
　事業規模の急速な拡大に伴い、本社直属の特別プロジェクトであった電池事業推進本部が解消され、事業体組織である回路部品事業部に統合吸収されるとともに、統合後の事業部の名称がエネルギーデバイス事業部に改称された。私自身はこのエネルギーデバイス事業部で電池事業を担当する統括部長という肩書となり、

エネルギーデバイス事業部が所在し、私の入社時の勤務地でもあった相模原事業所に異動した。電池事業に関わる人員は、タンタルキャパシターを主力事業としてきた旧回路部品事業部、これとルーツを同じくしプリント基板事業を担当する回路基板事業部、更に他のグループ内事業部などからの異動者により大幅に増員されたが、その大半は子会社であるNMEに移籍または出向することになった。

　NMEの本社機能は、当時新横浜駅に近い借りビル内に設けられ、ここに社長を始めとして、企画、経理、人事総務、および営業に従事する50人ほどの人員が勤務していた。社長は日邦電気からの出向者老松氏、副社長は東洋物産からの出向者椎葉氏であった。そして従業員はNMEのプロパー、東洋物産からの出向者、および日邦電気からの出向者がそれぞれほぼ1/3ずつを占めるまさに混成部隊であった。
　NME富山工場は、従来タンタルキャパシターおよびプリント基板の製造に携わってきた日邦電気富山からの出向者および地域の派遣会社からの派遣従業員が大半を占め、技術者のごく一部が回路部品事業部など日邦電気本体からの出向者という構成であった。総人員は約300人。昼夜2交代の製造体制を組み、これを回路部品事業部出身のNME取締役・富山工場長久喜氏が統括していた。
　NME栃木工場には開設準備室が設けられ、栃木工場の建設管理とNME栃木からの人材逐次受入れ、そしてその教育指導などを開始した。栃木工場開設準備室は当初20名程度の体制でスタートしたが、月を追って人員が増加した。ここの責任者には電磁リレーを主製品とするEMデバイス事業部出身で、フィリピンの製造子会社の経営経験を有する佐川氏が建設準備室長（後工場長）として着任した。

このように、NMEの経営幹部および従業員は、極めて多様な組織・部門の出身者によって構成され、各個人の勤務契約も多岐にわたる混成部隊で、その微妙なバランスを保ちながら人事管理を行うことは多くの管理工数と非常な困難とを伴うものであった。

　この間に、NME社長の老松氏が定年退職し、後任の新社長に半導体部門出身で、EMデバイス事業の発展に貢献したとされる相川氏が就任した。
　私自身は、エネルギーデバイス事業部が所在する日邦電気相模原事業所に本籍を置いているものの、NMEの非常勤取締役として、NMEの本社である新横浜の事務所にも席を設け、時間の大半をこの事務所で過ごした。時々刻々変化するNMEの経営状態を迅速かつ正確に掌握するためには、現場に近い場所に身を置いておく必要を痛感したからであった。ここを基地として、富山、栃木、カナダのMoli Energy (1990)、時には日邦電気の海外営業拠点を飛び回る日々を過ごした。無任所という自由な立場と、出張は国内外ともにほとんどフリーパスという特権を活用した勝手気儘な日々であった。

　しかしこの楽園生活はそれほど長くは続かなかった。
　2000年夏、かねてから準備を進めていた栃木工場の第一期量産設備の設置、調整が完了し、同年秋から量産が開始されることになった。これに伴い日邦電気栃木からの最終移籍者の受入れ、日邦電気本体からの更なる出向者の受入れが行われ、NME社長の相川氏の陣頭指揮の下で、企画、経理、人事総務などの本社機能も栃木に移されることになった。同時にNMEの営業部門は日邦電気本社に近い、田町の日邦電気別館に移転する計画であった。
　私自身は、このNMEの企画、経理、人事総務部門を統括する取締役として栃木に赴任、カナダに次いで2度目の単身赴任生活

を送ることになったのである。

　かつてカナダで仕事を共にし、私の帰国1年後に日本に帰任して玉川の電子コンポーネント開発本部に勤務していたKeiも、NMEの技術部門を統括する取締役として栃木に赴任することになり、再び同じ職場で働くことになった。

　2000年9月30日。56歳の誕生日に私は日邦電気を繰り上げ定年退職してNMEに移籍した。

第21章 Moli Energy (1990)売却と東洋物産の電池事業撤退

　NMEの富山工場、栃木工場が相次いで開設され、マンガン正極材角型電池の量産体制の整備が進んでいた頃、カナダのMoli Energy (1990)ではコバルト正極材円筒型電池の安定的な生産が続けられていた。

　Moli Energy (1990)の円筒型電池の生産能力は全5ラインで月産150万個とされていたが、実際には最初に導入した1ラインは試作などに使用されていたため、実生産能力は月産120万個が精一杯であった。顧客は日邦電気および台湾のノートPCメーカー3社がほぼその全量を引き取り、余力はほとんど無い状況が続いていた。ほぼフル生産が続いていたため単月の経常損益は黒字を計上していたものの、膨大な累損を埋めるまでには至らず、またその目途も全く立っていなかった。
　当時、ノートPCはその勃興期にあり、生産は月を追って増加する勢いであった。使用電池もニッケル水素電池からリチウムイオン電池への転換が急速に進み、円筒型リチウムイオン電池の需要はウナギ登りとも言える様相であった。
　しかしMoli Energy (1990)は生産余力が無いため新規顧客の開拓が進まず、収益性も低いことから増産投資の決断が難しい状況が続いていた。加えて、親会社、特に増産投資の大半を担う日邦電気の幹部の意向は、より付加価値が高いと考えられる角型電池のNMEの国内2工場への投資を優先する機運が顕著になってきていた。

このような状況下で、Moli Energy (1990)の今後の経営方針についての検討が密かに進められていた。基本的な意思決定者は日邦電気電子コンポーネントグループのトップである柴田常務。実質的な検討グループのリーダーは電子コンポーネント企画室の秋元支配人で、検討メンバーには本社の企画部や関連部などの課長クラスが関わっていたが、そのメンバーの一人になぜか私も加わっていた。というより、実質的には私がその中核的なメンバーにならざるを得ない状況にあった。

　当時私は、NMEの企画、経理および総務部門を担当する取締役としてNMEの本社機能を備える栃木工場（宇都宮市南部の雀宮所在）に赴任したばかりであった。Moli/NMEの事業を管轄するのは電子コンポーネントグループの中核事業部と言えるエネルギーデバイス事業部であったが、元々電池に関わる人材が少なかった上に、その大半は現場であるNMEおよびMoli Energy (1990)に異動してしまっており、事業部内には電池事業に詳しい人材は皆無に等しかった。このため、電池事業に当初から関わり、Moli Energy (1990)およびNMEの事業内容を熟知する私が、実際の立場に関わらずMoli Energy (1990)の今後を決定するという難しい仕事を担当せざるを得なかったのである。私自身は日邦電気を既に退職していたが、以前から引き続いて日邦電気枠のMoli Energy (1990)の非常勤取締役を兼ねており、他方東洋物産などとの対外的諸交渉も日邦電気を代表する形で私自身が引き続き担当せざるを得なかった。このため、宇都宮のアパートに住みながら、月のうち半分近くを早朝5時前に雀宮駅を出て、田町の本社、柴田常務と秋元支配人が常駐する玉川、エネルギーデバイス事業部のある相模原、更には大手町の東洋物産などを訪ね、上野発11時過ぎの最終電車で午前1時過ぎに雀宮に帰り着くといった生活が続いた。

第21章　Moli Energy (1990)売却と東洋物産の電池事業撤退　　121

　そんな私の生活を見るに見かねて、妻が宇都宮まで足を運び、週のうち2〜3日を私のアパートで過ごす、という生活パターンが定着した。たまたま週末に妻が滞在していた折に、NHKの朝の番組で栗山町の名物"乳茸うどん"の紹介があり、早速車で1時間ほどもかけてこの乳茸うどんを食べに出かけたこともあった。乳茸は栃木地方独特の茸で、白い乳液が出ることからこの名が付けられたとのことであったが、当時既に絶滅危惧種であった。乳茸は太めのうどんと濃い目の醬油だしとの相性が抜群で、その素朴な味わいは忘れがたいものであった。

　Moli Energy (1990)に追加投資を行い更なる増強を行うという選択肢は現実的な解とは考えられず、Moli Energy (1990)を売却することは日邦電気関係者の間では既に既定路線になっていた。問題は合弁パートナーである東洋物産の、Moli Energy (1990)売却および売却後のNMEの経営体制に関する同意取付け、カナダBC州政府との事業承継契約の再改定、更にはMoli Energy (1990)の資材調達先や顧客などの取引先との売却後のMoli Energy (1990)との取引継続の約束取付けなど様々な課題の処理が必要であり、日邦電気本社の関係者の助けを借りながら、私がそのほとんどの実務を担当した。

　売却先の選定に関しては柴田常務の人脈によるところが大きかった。
　半導体や液晶表示デバイスなどの事業で以前から柴田常務と懇意だった台湾の大手電機会社社長の黄氏から台湾セメントという会社の紹介を受けた。同社は、数年前にE-Oneという子会社を設立し、リチウムイオン電池事業に参入したばかりであった。E-Oneは、当時台北近郊の新竹に実験プラントを有するのみであったが、既に台南に広い工場建設用地を取得しており、今後の事業

拡大を狙っていた。

　秋元支配人と関連部の綿貫課長、それに私の3名は早速台北に飛んで、台湾セメントおよびE-One幹部との交渉を開始した。台湾セメントは台湾でも有数の優良企業であり、台北のオフィス街の中心部に大理石張りの重厚な本社ビルを構えていた。一見してMoli Energy (1990)の買収資金は十分準備可能であろうとの印象を受けた。

　台湾セメント/E-One側も当初からこの買収交渉には積極的な姿勢で臨んでいた。自社の電池事業を迅速に立ち上げるためには、優れた人材とノウハウとを持つMoli Energy (1990)は魅力的であったのであろう。加えて、E-Oneの当時の社長だった郭氏（クォ）がアメリカの大手電池会社Duracellでの勤務が長く、Moli Energyの来歴に詳しかったことも大きな助力になった。

　このため交渉は数回の日台間の往訪を経て比較的短期間に順調に進み、Moliの現地視察およびデューディリジェンスの段階へと移行した。この間に、東洋物産の責任者である菊川取締役からもMoli Energy (1990)売却止むなし、との内諾も得ていた。親会社の方針や交渉の進捗状況に関して、Moli Energy (1990)の柴山社長には常に連絡は取っていたが、Moli Energy (1990)の従業員にはこの時点までは一切情報を開示してはいなかった。

　2000年10月初旬、郭社長を始めとする数名のE-Oneの視察団、ならびに秋元支配人、綿貫課長および私はバンクーバーに向かった。

　バンクーバーに到着した初日は日邦電気側のメンバーだけがMoli Energy (1990)を訪問し、柴山社長および限られた経営幹部にだけ、Moli Energy (1990)売却を決断するに至った事情および今後の方針について説明し、デューディリジェンス実施への協力を求めた。日本からの出向幹部にはある程度事前に情報が流れていた模様で大きな驚きは無かったが、ローカル幹部にとっては全

く寝耳に水であったろう。ただ、既に一度倒産を経験し、その後も数度にわたるリストラを乗り越えてきた彼らからは大きな反対や詰問の声は聞かれなかった。無念さを秘めながらも穏やかな表情を崩さなかった彼らの顔を見るのが私にはつらかった。ただ申し訳なさに頭を下げる思いのみであった。

E-Oneメンバーを迎えた翌日からの工場視察およびデューディリジェンスの実務は、淡々と、大過無く進められた。

引き続きMoli Energy (1990)の資産評価額算定のステップに入り、Moli Energy (1990)が開示した経理資料を基に、E-Oneが指名した監査法人と日邦電気が指名した監査法人がそれぞれ独自に算定した評価額を、両法人の評価担当者、E-Oneの代表者ならびにMoli Energy (1990)の株主を代表する私と綿貫課長のそれぞれの間で調整する場が断続的に持たれた。

カナダからの帰国後、上記調整に基づいて算出した固定資産、流動資産などの評価額に加えて、知的財産権および商標権の扱いならびにその評価額、売却に伴う登記などの諸費用の算定およびその費用負担、売却日程や詳細手順の決定などを含む譲渡契約書の大綱および細目の調整が日台間で続けられ、同年末までには基本合意をするまでに至った。

売却予定額はそれまでの総投資額の約3割で、日邦電気と東洋物産にとっては連結決算上多額の損失を計上せざるを得ないものの、将来的な経営リスクおよび継続的な資金負担を回避するという観点からは比較的好条件だと思われた。一方のE-Oneにとっても、稼働中の工場、しかも同じ台湾にある企業への製品販売が継続保証されている事業を買い取ることに旨味があったのであろう。

Moli Energyの商標権はE-Oneに譲渡され、譲渡完了後はE-OneはE-One Moli Energyに、カナダの会社もE-One Moli

Energy Canadaにそれぞれ社名変更されることになった。これに伴いNMEは"Moliまたはモリ"という語を含まない社名に変更する必要が生じ、Moli Energy (1990)の譲渡日以降は、日邦モバイルエナジー（略称は従来通りNME）を新社名とした。

　Moli Energy (1990)が保有していた知的財産権はE-Oneに譲渡されるが、NME/日邦電気にもその無償使用権が付与され、またMoli Energy (1990)/日邦電気が共有する知的財産権は引き続きE-One Moli Energyと日邦電気との共有とした。

　Moli Energy (1990)の譲渡日は2001年1月31日とし、柴山社長を始めとする日本人出向者の一部は、事業の円滑な譲渡を実現するため3月31日まで駐在を継続し、E-One Moli Energy Canadaの活動を支援することになった。また、NMEの営業および資材担当者は、それぞれ顧客および調達先の了解取付けのため、業務継承が完了するまでの間E-One Moli Energyの業務を支援する（3月31日までは無償、これ以降は有償）体制がとられた。

　NME/日邦電気はMoli Energy (1990)の譲渡以降は、円筒型リチウムイオン電池事業に再参入しないという付帯的な約束もなされた。

　E-Oneとの間での事業譲渡契約交渉を続ける一方、Moli Energy (1990)売却後の電池事業のありかた、すなわちNMEの事業体制および運営方針に関する東洋物産との交渉も並行して進められた。

　東洋物産の幹部自体は、以前から商社としてこの電池事業を継続する意味は無いと考えられていたふしがあるが、旧Moli Energyの事業を継承した際に東洋物産側が主導した経緯もあり、また電池事業を担当してきた人々のこの事業に対する思い入れの深さも勘案したものか、それまで東洋物産側からの事業撤退の申入れは無かった。

一方日邦電気は、既に製造・販売の全般にわたって日邦電気主導の事業運営体制を築きつつあったこともあって、事業判断の節目ごとに東洋物産の合意を取り付けるという煩雑な手続を今後は避けたいという思惑があった。また、事業継続に必要な今後の投資は日邦電気単独で負担する覚悟だったので、日邦電気から東洋物産に対して「NME株式を全て引き取りたい」旨の提案を行った。

　交渉の結果両親会社間で合意された内容の骨子は、"東洋物産はMoli Energy (1990)/NMEに関する全ての債権債務を放棄する。NMEの東洋物産保有株式は2001年3月末日時点のNMEの資産価値に応じた価額で日邦電気が買い取る"というもので、これに基づく合弁解消契約が締結されることとなった。

　BC州政府との事業承継契約についても、BC州政府からのMoli Energy (1990)のE-Oneへの譲渡の同意が得られ、2000年12月に、E-Oneの郭社長、Moli Energy (1990)の柴山社長、そして株主を代表して私がビクトリアのBC州政府を訪れ、譲渡の同意を確認する覚書に調印した。

　2001年1月12日、快晴の台北、台湾セメント本社でE-Oneと日邦電気との間でMoli Energy (1990)の事業譲渡に関わる諸契約の調印式が行われ、日邦電気の秋元支配人とE-Oneの郭社長が譲渡契約書に署名した。
　その夜、台北の高級中華レストランで催された祝賀パーティーの席で、私は冷えたアルコール度数53度の白酒(パイチュウ)にしたたかに酔った。大きな喪失感が心を満たし、酔いが深まるごとに寂しさだけが積み上がっていくようだった。

　2001年2月1日付けで日本モリエナジー（NME）は日邦モバ

イルエナジーに改称した。東洋物産から Moli Energy (1990) および NME に出向していた人々は、E-One Moli Energy への移管業務を担当する一部の人を除いて、3月末をもって原籍に復帰した。そして4月初めには、最後まで E-One Moli Energy Canada に残っていた柴山前 Moli Energy (1990) 社長始め数名の出向者が帰国した。

　1990年に Moli Energy (1990) の合弁事業を開始して、丁度10年の節目であった。

第22章　エピローグ：果てしなき道のり

　Moli Energyをルーツとする電池事業は、Moli Energy (1990) そのもののE-Oneへの売却後もそれぞれに苦難の連続であった。

　E-One Moli Energy Canadaの社長はE-One Moli Energy本社の郭社長が兼務、現地にはE-One Moli Energy本社からの出向者が副社長として常駐、Ken Broomが工場長として実務を統括、Ulrich von Sackenが開発部門、Steve Pitherが技術部門、Mark Reidが販売部門のGeneral Managerとして300名ほどのローカル従業員を掌握する体制となった。当初数年は、従来体制が概ね維持され、主に台湾のPCメーカー向けの円筒型リチウムイオン電池の量産も継続されていたため大きな波乱は無かったものの、円筒型電池の価格低下は激しく、売上のじり貧状態が続いていた。

　この間にE-One Moli Energy本社の台南工場が竣工し、この工場では角型電池の量産準備が進められていた。この角型電池量産立上げの応援に、KenやUlrichを始めとするカナダのメンバーの多くが頻繁に台湾に出張していた。E-One Moli Energy台南工場の竣工式には私も来賓として招かれ、台南市長に次いで祝辞を述べた。この席にはKenやUlrichも参加しており、短時間ながら久しぶりに旧交を温める機会となった。

　しかし、E-One Moli Energy台南工場の角型リチウムイオン電池生産は必ずしも順調には立ち上がらなかった。角型電池の主なターゲット市場は携帯電話であったが、Nokia、Motorola、Ericssonといった欧米の携帯電話大手は、当時自社工場での携帯電話生産に注力しており、台湾のサブコントラクターによる

EMS生産は極めて限られていたことに加え、重要部品である電池に対する認定は極めて厳格で、その供給メーカーはサニー通工、三港電気、松山電器そして日邦モバイルエナジー (NME) などの日本の電池メーカーにほぼ限られ、台湾の新興電池メーカーの参入チャンスはほとんど無いに等しかった。台湾地場では、ノートPCについては世界のかなりの部分のEMS生産を担っていたものの、携帯電話の生産台数は限られており、ここでもビジネスチャンスには恵まれなかった。

　一方、E-One Moli Energy Canadaでは、マンガン正極材の26650大型円筒電池の開発に成功し、アメリカの中堅電動工具メーカーに採用された。このリチウムイオン電池を採用した電動工具は、これまでのニッケル水素電池採用モデルよりも大幅に軽量化された点がユーザーに好評で、順調に受注が増え、ピーク時には月数十万個の電池の注文があった。

　このカナダ側の成功は、E-One Moli Energyの収益改善にかなり寄与したものの、18650円筒電池の売上高減少および角型の不調をカバーするには至らず、E-One Moli Energy本社はカナダのリストラを断行することになる。

　2005年から2009年にかけて、段階的に実施されたリストラは、まず18650および26650円筒電池の量産設備の大半を台湾に移設、カナダには研究開発および試作部門のみを残すという思い切ったもので、E-One Moli Energy Canadaは最終的には50人規模の小さな会社となった。この間にKen、Ulrich、Markなどの中心メンバーもE-One Moli Energy Canadaを去り、Steveが社長として残存従業員を統括する体制となった。E-One Moli Energy Canadaを離れたKenやUlrichは、以前Ulrichの部下であったHenry Maoが取締役兼チーフ・テクノロジー・オフィサーを務める中国のBAKという新興電池企業の一員となった。

第22章　エピローグ：果てしなき道のり

　日邦モバイルエナジーのたどった道もアップダウンの連続であった。
　マンガン系角型リチウムイオン電池の注文そのものは、MotorolaとSiemensという海外大手2社を固定客とし、国内でも日邦電気の他にヤシオ、都セラミック、カノンなどの大手携帯電話、デジタルカメラメーカーへの参入を次々に果たし、順調に拡大した。富山および栃木の2工場も増産に次ぐ増産で、生産能力も月産数百万個のレベルに達した。しかし価格競争は厳しく、採算面では水面下の状況が続いていた。
　この頃、親会社である日邦電気の経営も必ずしも順調とは言えず、その経営改善策の一環として、日邦電気の一部の電子コンポーネント事業と、日邦電気が筆頭株主であった東証一部上場企業、東方金属との事業統合が2002年4月1日付で実施されることになった。
　日邦モバイルエナジーの電池事業もこの統合対象事業の一つで、統合後は日邦東方金属株式会社・エネルギーデバイス事業本部・電池事業部という組織体に再編されることが決定した。この統合に備えて、電池事業もスリム化を図る必要に迫られ、①Motorola向けなど特に低価格の注文の受注辞退、②これによる生産量大幅減の対策として富山工場の電池部門の閉鎖と栃木工場への生産集約、③これに伴い、早期退職プランを含む人員削減の実施、を2002年3月末までに完了させることが求められた。リストラする側にとってもされる側にとっても、苦しい決断を迫られる、あの重苦しいプロセスをまた踏まなければならないことになった。
　更に、私個人にはまたも全く予想もしない運命が待ち受けていた。
　日邦モバイルエナジーの経営責任者であった相川社長が、この事業を管轄する日邦電気の電子コンポーネント事業本部長仲間氏との意見衝突の末に、2001年9月末に突如社長を辞任してしまったのである。急遽、仲間事業本部長が日邦モバイルエナジーの非常勤の社長に就任、私が常勤代表取締役として統合までの全ての準備プロセスの実質的な責任者の役割を担う暫定体制が発令された。

Motorolaとの年間契約に基づく注文をお断りすること一つをとっても、決して容易なことではなかった。最終的には、年間契約締結の折の当事者でもあった私が、Motorolaの購買部門が置かれたアトランタに出向き、数日間の交渉の末、段階的な受注縮小および撤退に至る年間契約解除覚書に署名して帰国した。
　富山工場の閉鎖のためには個々の従業員の処遇を、一人ひとりその事情に応じて決める必要があった。選択肢は、①富山工場内のキャパシターなど別部門への異動、②栃木への異動、③日邦東方金属の本社または他工場への異動、④日邦電気への移籍または復帰、⑤早期退職または自己都合退職後新たな仕事を探す、の五つ。何回かの個人面談を経てそれぞれ苦渋の選択がなされた。
　この人員削減の対象は、栃木工場および東京の販売部門もその例外ではなく、当時の日邦モバイルエナジー在籍者の3割強が3月末までに電池事業部門を去ることになった。私の右腕となって電池事業を支えてくれたKeiも、この折にNMEを去った。

　日邦東方金属に統合されてから電池事業が歩んだ道も平坦ではなかった。
　私は、これまでの様々な経験を通じて、自身が工場部門の管理者としては極めて不適格であることを痛感していたため、電池事業の責任者として留まることを固辞、営業部門で会社人生を締めくくりたいと希望し、その我儘をいれて頂いた。私の後任に当たる栃木工場の責任者として、Moli Energy (1990)の社長の後任も務めて頂いた柴山氏に再び後を託した。柴山氏はカナダからの帰国後、タンタルキャパシターの主力量産工場である日邦電気タイの社長を務められていたところを、急遽呼び戻されることとなり、わずか1年半の短い期間内に、カナダ、タイ、日本への転勤を余儀なくされるという大変なご苦労をされたのである。

第22章 エピローグ：果てしなき道のり

　日邦東方金属における私の肩書は、2008年に退職するまでのわずか6年の間に、エネルギーデバイス事業本部副本部長兼販売推進部長、海外営業本部長、営業本部長、執行役員常務（海外営業担当）、そして支配人（嘱託）と転々としたが、そのどの役職においても使える時間の過半を電池の販売に費やした。
　得意先開拓の面では、角型電池は任空堂、松山電器、Apple、タイコエレクトロニクス（TYCO）など国内外の大手企業に次々に参入を果たし、またラミネートタイプの大型電池も松山自転車の電動アシスト自転車用に採用された。以前に年間契約不履行のために出入り禁止状態だったMotorolaにも2005年には再参入を果たし、MotorolaやAppleなどの幹部を訪問するため、ほぼ毎月訪米するといった慌ただしく、晴れがましい日々もあった。
　しかし、このように実力以上に大量の受注を重ねたことが墓穴を掘る結果になってしまった。急激な増産のために、製品品質の維持に支障をきたし、結果として得意先の信頼を大きく損なう事態を発生させてしまった。
　増産とコストダウンを目的に、2003年には中国福建省厦門市にある東方金属の工場内に富山工場の遊休設備を移設して電池の量産ラインを立ち上げ、そのわずか2年後には江蘇省呉江市に電池専用の新工場を建設開始するなどのあまりにも急速な事業拡大策に、元々脆弱な技術リソースが対応しきれなかったことが失敗の最大要因であったろう。
　2008年6月、MotorolaやAppleへの品質問題発生のお詫びの行脚を節目に、私の四十年余にわたる会社生活は幕を閉じた。
　電池事業に携わった20年強は、厳しい局面に立たされる場面が多かったものの、それだけに得がたく、様々な出会いにも恵まれた素晴らしい日々であった。

　このように多忙で、落ち着かず、重苦しい日々の中にも、明る

い出来事があった。
　2003年4月27日、バンクーバー時代の同僚Tobyさんが伊豆下田に念願のペンションをオープンした。私は家族4人に妻の妹夫婦を加えた6人で、その初めての客となるべく彼のペンションに駆けつけた。これにはいささかの裏話がある。
　その年のTobyさんからの年賀状に、"ゴールデンウィークを目途にペンションを開くつもりで準備を進めている"と記されていた。早速私はTobyさんに電話をし、
「オープニングは何とか4月27日にしてよ！」
と頼み込んだ、というよりむしろ強要したのである。
「何とか頑張ってみるよ！」
というのがその折のTobyさんの返事だった。そして彼は、この私の我儘を突貫工事で見事叶えてくれた。実は4月27日は妻の誕生日だったのである。"妻の誕生祝いとペンションのオープニング祝いを併せて行えたら！"という全く自分勝手な願いであった。それなのにTobyさんは私をかばい、かつ感謝してくれた。
「Vicのプレッシャーが無ければまだオープンにこぎ着けられなかったかもしれない」

　Tobyさんのペンションは伊豆急下田駅から車で10分弱。白浜に向かう国道の最高部にある岬の突端に立つ白い瀟洒な建物で、部屋数は20ほど。1階に自然木フローリング張りの広間があり、その半分を食堂スペース、残り半分はバーカウンターを備えた団らんスペースとして使用していた。そして何よりも、断崖上に設けられた、眼下に太平洋と伊豆七島の一部とが見渡せる石組みの露天風呂が圧巻だった。
　その夜は、バンクーバーの師匠であったMichi夫妻や、Tobyさんと奥さんとの東洋物産時代のお仲間何人かも駆けつけ、さながら同窓会のような盛り上がりとなった。

第22章　エピローグ：果てしなき道のり

　翌朝、私とMichiはまたまたTobyさんに無理を言って、通常は開かない朝風呂を開放してもらった。露天風呂につかりながら眺めた、真っ青な水平線上の日の出は、"まさに豪華"としか言いようの無い素晴らしさだった。

　私の退職後、電池事業は更に変転する。
　2010年春、諸般の事情があって歴史ある日邦東方金属の上場は廃止され日邦電気の完全子会社となった。それと同時に日邦東方金属は栃木工場を閉鎖して角型電池事業から撤退するとともに、ラミネートタイプなどの大型電池事業を日邦電気本社に移管した。これより以前に厦門工場の電池製造ラインは撤収され、その一部は呉江工場に移設されていたが、日邦電気への事業移管に伴いこの呉江工場の生産体制も大幅に縮小された。

　日邦電気に移管された電池事業の半分は、日邦電気の100％子会社である日邦エナジーデバイスが相模原工場内に電池生産ラインを新設し、ラミネートタイプの大型電池を使用した蓄電システムの製造販売と、電気自動車（EV）用電池の電極製造とを行っている。
　他方、日仏自動車と日邦電気との合弁会社オートモーティブパワーが日仏自動車座間工場内に設けられ、日邦エナジーデバイスから供給された電極を使用してEV用電池を製造している。
　2010年12月、日仏自動車から本格的なEV乗用車が満を持して発売された。このEV車に搭載されたのが、Moli Energy (1990)の技術をルーツとするマンガン系リチウムイオン電池であった。
　しかし、大きな期待を担って走り始めたEV乗用車であるが、その道のりはまだ果てしない。EV車はまさに爽快と言えるほど素晴らしい走行性能を有するものの、コスト、航続距離、充電インフラ未整備などの諸課題を抱えたままでの見切り発車とも言え、

本格的に普及するまでには更に何年かの時日が必要となろう。

一方、東日本大震災以降に導入機運が急速に高まっている再生可能エネルギーの普及のためには大容量蓄電システムの整備が必須であり、この用途へのリチウムイオン電池採用も期待されるが、その量的拡大にもやはり10年単位の年月が必要だろうと思われる。

加えて、リチウムイオン電池事業は世界的に見ても今後の数少ない成長産業と目されているだけに、日本国内だけでなく韓国、中国、欧米などのメーカー間の競合は激化の一途をたどっている。果たしてこのような厳しい事業環境下で、Moli Energy をルーツとする電池が勝ち残れるのであろうか。

2012年1月29日、私はただ一人、何年ぶりかでバンクーバーに旅立った。

Moli Energy (1990) の仲間たちとの再会と、健康な間にもう一度だけ滑っておきたいと願っていた、ウィスラー／ブラッコムでのスキーとが目的であった。

15年ぶりのウィスラー／ブラッコムでのスキーはやはり往年のようにはいかなかった。以前は最速17分、ノンストップで滑り降りた11キロのブラッコムのスロープを、初心者コースを選んで、休み休み倍以上の時間をかけて降りる。緩斜面でもバランスを崩して転び、自力では立ち上がれないこともあった。それでも久方ぶりのウィスラー／ブラッコムでのスキーは爽快だった。

バンクーバーでは、在勤時後半に住んだ高層マンションの間近にあるホテルに滞在して、冬とは思えない暖かな陽気のダウンタウンやグランビル・アイランドなどの懐かしい空気を満喫した。

その翌日、まずメープルリッジのE-One Moli Energy Canadaに向かった。社長のSteveに、様変わりした工場をざっと案内してもらった後、近くの韓国レストランに移動した。まだ現役のBrian、Larry、Mike、Paul、Alysonなどに加えて、昨年定年退職

した元人事マネージャーのHeatherなど十数名がテーブルを囲んでくれる和やかな昼食会になった。十数年のブランクがまるで無かったように話に花が咲いた。集まってくれた皆の顔が一様に屈託無く明るく見えたことが救いだった。

　午後は、メープルリッジから15分ほどの場所にあるBAK Canadaを訪問した。こちらではE-One Moli Energy Canadaを退社したKenやUlrich、Kenzoなど十数名が、中国のBAKの研究開発部門として小規模の実験施設を構えていた。近くに住むMarkやKenzo君の奥さんのRikaさんが二人のお子さんを連れて駆けつけてくれた。その夜は、昔何度も通ったイタリアンレストランDarioで会食。密度の濃い、夢のようなバンクーバーの1日になった。

　日本でも例年11月に、東邦物産の若手のお骨折りで"電池の日"というMoli Energyの事業に関わった仲間たちの集いが開催される。グラス片手に思い出話や近況報告など屈託の無い会話が飛び交う3時間余りのパーティーは実に楽しい。

　共に笑い、共に苦しみ、そして時には反目し、厳しい議論の応酬もあったMoli Energyの仲間たちとの共通体験を、大切な宝物としていつまでも守り続けていこうと改めて心に念じ、Moli Energyルーツのリチウムイオン電池が厳しい競争に打ち勝って発展し続けることを心から願って、この物語の稿を閉じたい。

（完）

あとがき

　"果てしなき道のり"と題したこの物語は2011年から2012年にかけて"Moli Energyの物語"として金属時評紙に掲載させて頂いた文章を、今回の出版を機に、仕事に関わる描写のみではなく、バンクーバーでの生活点描を加えて、大幅に加筆、訂正したものです。

　カナダという私にとっては未知の国で、最先端の電池の開発、製造、販売に携わり、この間様々な難問に取り組み、失敗と成功を繰り返したこの体験は、私にとって誠に貴重なものでした。この貴重な経験を私だけの思い出に留めるのではなく、"同じような立場で同じような悩みを抱えてご苦労されている皆様と少しでも共有したい"との思いで今回出版を決意した次第です。

　ただ、あくまでも自己体験をもとに思い付くままに書き綴った文章ですので、随所に記憶違いや思い込みによる誤りがあるものと思われます。文章の拙さとも相まって、お読み頂く方々、特に本物語に仮名で登場頂いた、筆者と苦労を共にされた皆様の中には、不満や不興の念を感じられる方が居られるのではないかと懸念しております。

　どうか、筆者の至らなさ、非才、不徳をご寛恕賜りますようお願い申し上げます。

　そして、お読み頂いた皆様が聊かなりとこの物語に興味を覚え、参考となるものをお汲み取り頂けたとすれば、筆者の望外の幸せです。

　出版にあたり、編集全般の労をおとり頂きました電気書院の松田様に心から御礼申し上げます。また、原作の掲載および今般の出版に快くご了解を賜りました金属時評の西元前社長、黒川現社長のご高配に深く感謝申し上げます。

2014年3月
関　勝男

●著者略歴　　関　勝男（せき かつお）
1944 年　長野県上田市に生まれる
1968 年　横浜国立大学工学部電気工学科卒業、NEC に入社
　　　　　電子部品製造設備設計技術者、セールスエンジニア、販売事
　　　　　業部計画課長、計画部長などを経験
1990 年　Moli Energy (1990) に出向
　　　　　取締役、代表取締役社長を歴任
1996 年　NEC に復帰
　　　　　電池事業推進本部長、後エネルギーデバイス事業部統括部長
2000 年　NEC を繰り上げ定年退職。日本モリエナジー（後 NEC モバ
　　　　　イルエナジー）に移籍
　　　　　取締役、後代表取締役
2002 年　NEC モバイルエナジー清算に伴い NEC トーキンに移籍
　　　　　執行役員・エネルギーデバイス事業本部副本部長、執行役員
　　　　　常務・営業本部長などを歴任
2008 年　NEC トーキン退職
　　　　　個人企業ヴィックス設立
　　　　　代表として、主に電池、太陽電池、レアメタルなどに関する
　　　　　執筆、講演、翻訳に従事

© Katsuo Seki　2014

果てしなき道のり

2014 年 4 月 10 日　　第 1 版第 1 刷発行

著　者　関　　勝　男
発行者　田　中　久米四郎
発　行　所
株式会社　電気書院
www.denkishoin.co.jp
振替口座　00190-5-18837

〒 101-0051　東京都千代田区神田神保町 1-3 ミヤタビル 2F
電話　(03)5259-9160
FAX　(03)5259-9162

ISBN978-4-485-30237-8　　　　　　印刷：日経印刷㈱
Printed in Japan

・万一、落丁・乱丁の際は、送料当社負担にてお取り替えいたします。

JCOPY 〈(社)出版者著作権管理機構　委託出版物〉
本書の無断複写（電子化含む）は著作権法上での例外を除き
禁じられています。複写される場合は、そのつど事前に、(社)出
版者著作権管理機構（電話：03-3513-6969、FAX：03-3513-6979、
e-mail：info@jcopy.or.jp）の許諾を得てください。
　また本書を代行業者等の第三者に依頼してスキャンやデジタル
化することは、たとえ個人や家庭内での利用であっても一切認め
られません。